农业主要外来入侵植物图谱

(第三辑)

◎ 付卫东　张国良　等 著

 中国农业科学技术出版社

图书在版编目（CIP）数据

农业主要外来入侵植物图谱.第三辑/付卫东等著.——北京：中国农业科学技术出版社，2022.5
ISBN 978-7-5116-5762-6

Ⅰ.①农… Ⅱ.①付… Ⅲ.①作物—外来入侵植物—中国—图谱 Ⅳ.① S45-64

中国版本图书馆 CIP 数据核字（2022）第 076949 号

责任编辑	马维玲　崔改泵
责任校对	李向荣
责任印制	姜义伟　王思文
出 版 者	中国农业科学技术出版社 北京市中关村南大街 12 号　邮编：100081
电　　话	（010）82109194（编辑室）（010）82109702（发行部） （010）82109702（读者服务部）
传　　真	（010）82109194
网　　址	http://www.castp.cn
经 销 者	各地新华书店
印 刷 者	北京尚唐印刷包装有限公司
开　　本	105 mm × 148 mm　1/64
印　　张	4.75
字　　数	150 千字
版　　次	2022 年 5 月第 1 版　2022 年 5 月第 1 次印刷
定　　价	98.00 元

◆═━ 版权所有・侵权必究 ━═◆

内 容 提 要

《农业主要外来入侵植物图谱》包括农业部（现农业农村部）发布的《国家重点管理外来入侵物种（第一批）》、农业农村部和海关总署联合发布的《中华人民共和国进境植物检疫性有害生物名录》、环境保护部（现生态环境部）发布的《中国外来入侵物种名单》中的外来入侵植物，以及近年来危害我国农业生产和自然生态环境较为严重，同时也是公众关注的外来入侵植物。

本辑50种外来入侵植物包括苋科3种，仙人掌科2种，豆科6种，酢浆草科3种，大戟科3种，伞形科3种，茜草科2种，马鞭草科2种，茄科2种，玄参科2种，车前科2种，菊科3种，禾本科2种及其他科15种。每个物种基本按照植物全生育期形态特征排列。以入侵植物的全株、根、茎、叶、花、果实、种子以及群落照片为主，辅以文字描述。为了便于使用者在野外调查工作时进行物种之间的鉴别，将主要入侵植物的近似种按照相似的生长环境、形态特征、花期和果期列出，尽量把它们放在一起描述。最后重点注明容易混淆的植物特征。

本书中照片来自著者及其团队成员多年野外调研拍摄资料。由于掌握资料有限，形态描述和物种之间的比较，难免存在不足和疏漏之处，恳请广大使用者指正、反馈，便于修正后续分辑。

本书在撰写过程中得到农业农村部科技教育司、农业农村部农业生态与资源保护总站等单位的大力支持，在此表示衷心感谢！

本书由农作物病虫害鼠害疫情监测与防治2021—2022政府采购项目和国家重点研发计划（2021YFD1400300）项目资助出版。

著 者

2022年2月

《农业主要外来入侵植物图谱》
(第三辑)
著 者 名 单

付卫东　张国良　王忠辉

宋　振　张　岳　王　伊

前　言

外来入侵物种防控是维护国家生物安全的重要内容，外来物种入侵与全球气候变化并列为当今两大全球性环境问题。我国外来物种入侵形势非常严峻，目前已初步确认外来入侵植物400多种，已经对我国农业生产与生态环境造成了巨大破坏。不但影响生物多样性还严重威胁人类健康，并且造成极大的经济损失。由于外来入侵植物空间分布、扩散途径及危害程度等相关基础信息严重匮乏，对其科学有效预防与控制成为难点。掌握第一手资料，做好本底调查，明确每一种外来入侵植物的入侵途径、扩散传播特征、危害程度等，是科学预防与控制外来入侵植物的基础。

《农业主要外来入侵植物图谱》系列丛书，是一套口袋书形式的实用工具书,方便携带,可为基层农业技术人员快速识别田间入侵植物,开展调查工作提供基础支撑。本书使用的所有照片,均来自著者及其团队成员野外调研拍摄,由于掌握文献资料有限,难免有不足之处,恳请读者和使用者提出宝贵意见并指正。

著 者

2022 年 2 月

目　　录

1　细叶满江红	001	
2　小叶冷水花	006	
3　紫茉莉	012	
4　反枝苋	019	
5　假刺苋	026	
6　青葙	033	
7　单刺仙人掌	040	
8　梨果仙人掌	045	
9　草胡椒	051	
10　蓟罂粟	057	
11　臭荠	064	
12　巴西含羞草	069	
13　翅荚决明	075	
14　白车轴草	080
15　红车轴草	087
16　蔓花生	094
17　印度草木樨	099
18　关节酢浆草	105
19　红花酢浆草	109
20　紫叶酢浆草	115
21　蓖麻	119
22　苦味叶下珠	126
23　南欧大戟	132
24　五叶地锦	138
25　赛葵	142
26　鸡蛋果	148

27	红瓜	153	39 洋金花	224
28	刺芹	158	40 婆婆纳	230
29	细叶旱芹	166	41 波斯婆婆纳	235
30	野胡萝卜	173	42 北美车前	242
31	长春花	179	43 长叶车前	247
32	马利筋	184	44 婆婆针	254
33	光叶丰花草	189	45 匙叶合冠鼠麹草	261
34	盖裂果	196	46 万寿菊	267
35	假连翘	201	47 两色金鸡菊	272
36	蔓马缨丹	206	48 互花米草	277
37	留兰香	211	49 毛花雀稗	283
38	曼陀罗	217	50 风车草	288

1 细叶满江红

【学名】 细叶满江红 Azolla filiculoides Lam. 隶属满江红科 Azollaceae 满江红属 Azolla。

【别名】 蕨状满江红、细绿萍、细满江红。

【起源】 美洲。

【分布】 中国分布于北京、江苏、江西、浙江、云南及台湾等地。

【入侵时间】 1976 年引入山东济南大明湖公园。

【入侵生境】 喜静水,常生长于池塘、水田或水沟等生境。

【形态特征】 多年生浮水植物,植株长 3～5 cm(图 1.1)。

图 1.1 细叶满江红植株(张国良 摄)

1 细叶满江红

根 须根细长,悬垂于水中。

茎 有明显直立或呈"之"字形的茎干,绿色;羽状分枝,侧枝腋生或腋外生,斜生或直立于水面(图1.2)。

图1.2 细叶满江红茎(张国良 摄)

叶 叶小形;无叶柄,互生,在茎上覆瓦状排列成两行,近似方形或卵形,长约1 mm,宽约为长的1/2,先端截形或圆形,基部与茎合生,全缘;通常分裂为上下2裂片,均为肉质绿色(秋后变为紫红色),展于水面

细叶满江红 1

上，营光合作用；叶基部有一共生腔，内生大量鱼腥藻（图1.3）。

图1.3 细叶满江红叶（张国良 摄）

果 孢子果成对着生于水中的裂片上，孢子果有大小之分；大孢子果卵形，内含1个大孢子囊，大孢子囊的外壁有3个浮膘；小孢子果圆球状，内有多数小孢子囊，小孢子囊的泡胶块上生有锚状毛，锚状毛无横隔，每个小孢子囊内有64个小孢子。

1 细叶满江红

【主要危害】 水边、池塘、湖泊中常见杂草,覆盖河道,造成水下生物死亡,破坏水生生态系统(图1.4)。

【控制措施】 加强管理,及时打捞水面,防止该物种随意扩散。

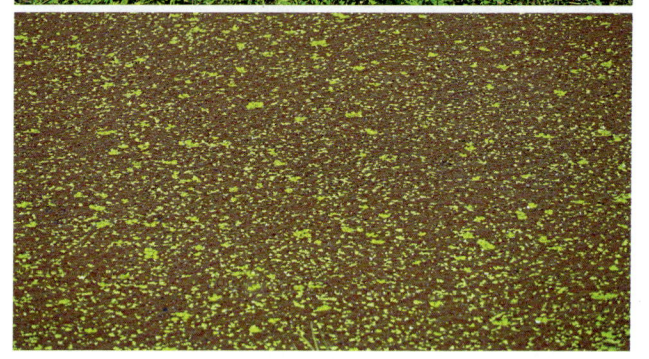

细叶满江红 1

图 1.4 细叶满江红危害（付卫东 摄）

2 小叶冷水花

【学名】小叶冷水花 Pilea microphylla（L.）Liebm. 隶属荨麻科 Urticaceae 冷水花属 Pilea（图2.1）。
【别名】礼花草、玻璃草、透明草、小叶冷水麻。
【起源】南美洲热带地区。
【分布】中国分布于江苏、浙江、江西、湖南、福建、

图2.1 小叶冷水花植株（王忠辉 摄）

小叶冷水花 2

广东、广西*、海南、重庆、贵州、云南、香港、澳门及台湾。

【入侵时间】1917年首次在广东采集到该物种标本。

【入侵生境】对土壤要求不高，喜潮湿环境，常生长于路边、溪边或石缝等潮湿生境。

【形态特征】一年生纤细小草本植物，无毛，植株高3～17 cm。

根 主根不明显，侧根发达（图2.2）。

图2.2 小叶冷水花根（王忠辉 摄）

---

* 广西壮族自治区简称广西。全书中出现的自治区均用简称。

2 小叶冷水花

茎 茎肉质,多分枝,铺散或直立,直径 1～1.5 mm(图 2.3)。

图 2.3 小叶冷水花茎(①付卫东 摄,②③王忠辉 摄)

小叶冷水花 2

叶 叶小，同对叶不等大，倒卵形至匙形，长3～7 mm，宽1.5～3 mm，先端钝，基部楔形或渐狭，边缘全缘，上面绿色，下面浅绿色；钟乳体条形，上面明显，横向排列，整齐；叶脉羽状，中脉稍明显，在近先端消失，侧脉数对，不明显；叶柄纤细，长1～4 mm；托叶不明显，三角形，长约0.5 mm（图2.4）。

图2.4 小叶冷水花叶（王忠辉 摄）

2 小叶冷水花

花 雌雄同株,有时同序,聚伞花序密集成近头状,长 1.5～6 mm。雄花具梗,花被片4,卵形,外面近先端有短角状突起,雄蕊4,退化雌蕊不明显。雌花较小,花被片3,大小鲜明,在果期中间的1片长圆形,与果近等长,侧生2片卵形,先端急尖,薄膜质,退化雄蕊不明显(图2.5)。

图 2.5 小叶冷水花花(王忠辉 摄)

果 瘦果卵形,长约0.4 mm,熟时变褐色,光滑。

小叶冷水花 2

【主要危害】园圃常见杂草,逃逸后在一些低海拔山地、沟谷归化,排挤本土的石生和附生草本植物,影响当地的生物多样性(图2.6)。

图2.6 小叶冷水花危害(王忠辉 摄)

【控制措施】结果前人工清除,防止种子散落。

3 紫茉莉

【学名】紫茉莉 Mirabilis jalapa L. 紫茉莉科 Nyctaginaceae 紫茉莉属 Mirabilis。

【别名】胭脂花、状元花、草茉莉、地雷花。

【起源】南美洲。

【分布】中国分布于安徽、江苏、上海、浙江、江西、福建、广东、广西、湖北、湖南、重庆、四川、贵州、云南及陕西。

【入侵时间】《草花谱》(1591年)有记载。1912年首次在北京采集到该物种标本。

【入侵生境】不耐寒,不耐旱,喜炎热、潮湿、阳光充足环境,常生长于路旁、荒地、空杂地或住宅旁等生境。

【形态特征】多年生草本植物,植株高 50~70 cm(图 3.1)。

图 3.1 紫茉莉植株
(付卫东 摄)

紫茉莉 3

根 根肥粗,倒圆锥形,黑色或黑褐色(图3.2)。

图3.2 紫茉莉根(王忠辉 摄)

3 紫茉莉

茎 茎直立,圆柱形,多分枝,无毛或疏生细柔毛,节稍膨大(图3.3)。

图3.3 紫茉莉茎(①②付卫东 摄,③王忠辉 摄)

紫茉莉 3

叶 单叶对生；有柄或上部叶无柄；叶片卵形或卵状三角形，长5～15 cm，宽2.5～7 cm，先端渐尖，基部心形，无毛；叶柄长2～6 cm（图3.4）。

图3.4 紫茉莉叶（①②付卫东 摄，③④王忠辉 摄）

3 紫茉莉

花 头状花序，两性，花常数朵簇生枝端，有短柄；花基部有5裂萼状总苞，绿色，花筒长，上部稍宽，至顶端5深裂，平展，裂片花瓣状，花后脱落；雄蕊5~6，与花被等长或超过；柱头头状；花于晨、夕开放而午收，有紫红色、白色或黄色，也有红色和黄色相杂的颜色（图3.5）。

图3.5 紫茉莉花（①②③付卫东 摄，④王忠辉 摄）

紫茉莉 3

果 瘦果球形,直径5～8 mm,革质,黑色,有棱,表面具皱纹,似地雷状;种子白色,胚乳白粉质(图3.6)。

图3.6 紫茉莉瘦果(王忠辉 摄)

3 紫茉莉

【主要危害】 在许多地方逸生为野生，成为生物多样性的障碍因子；紫茉莉根和种子有毒，未见有关其毒理的相关报道；紫茉莉对其他植物具有较强的化感作用，对小麦和白菜的种子萌发及幼苗生长产生明显的抑制作用；紫茉莉具有较高入侵风险，是能对入侵地生态系统安全和生物多样性构成威胁的外来物种，必须对其严格加以控制（图3.7）。

图3.7 紫茉莉危害（王忠辉 摄）

【控制措施】 限制引种。加强种植地的管理。在结果前铲除，可有效地控制该物种进一步扩散。

4 反枝苋

【学名】反枝苋 Amaranthus retroflexus L. 隶属苋科 Amaranthaceae 苋属 Amaranthus（图4.1）。

【别名】西风谷、人苋菜、野苋菜。

【起源】北美洲。

【分布】中国分布于北京、天津、河北、辽宁、吉林、黑龙江、内蒙古、山西、安徽、浙江、山东、河南、湖北、湖南、江西、广东、广西、重庆、四川、贵州、云南、西藏、陕西、宁夏、甘肃、青海及新疆等地。

【入侵时间】19世纪中叶发现于河北和山东。1914年首次在天津采集

图4.1 反枝苋植株（付卫东 摄）

4 反枝苋

到该物种标本。

【入侵生境】适应性强,不耐阴,常生长于农田、撂荒地、路边或河岸等生境。

【形态特征】一年生草本植物,植株高 20～80 cm。

根 根系深,主根明显,有分枝,细根多(图 4.2)。

图 4.2 反枝苋根(付卫东 摄)

反枝苋 4

茎 茎直立,粗壮,单一或分枝,具棱角至凹槽,淡绿色,有时具紫色条纹,全株具密集短柔毛(图4.3)。

图4.3 反枝苋茎(付卫东 摄)

4 反枝苋

叶 叶片菱状卵形或椭圆状卵形,淡绿色,有时淡紫色,有柔毛,长5~12 cm,宽2~5 cm,顶端锐尖或尖凹,有小凸尖,基部楔形,全缘或波状缘,两面和边缘具柔毛;叶柄长1.5~5.5 cm,淡绿色,有时淡紫色,有柔毛(图4.4)。

图 4.4 反枝苋叶(付卫东 摄)

反枝苋 4

花 花序顶生和腋生，穗状花序集成圆锥花序，直立或顶端反折，花序绿色或绿白色，通常短而粗壮；苞片钻形，长4～6 mm，长度约为花被片的1～2倍，白色，基部1/2～2/3处具膜质边缘，背面有1龙骨状突起，伸出顶端成白色尖芒；雌花花被片5，矩圆形或矩圆状倒卵形，长2～4 mm，不等长，薄膜质，白色，较长花被片中脉延伸至花被片先端，具芒尖，较短花被片中脉不延伸，先端微钝，柱头3，直立或开展，流苏状；雄花位于花序的顶端，膜质，数量较少，花被片5，雄蕊5，稍长于花被片（图4.5）。

图4.5 反枝苋花（付卫东 摄）

4 反枝苋

【果】胞果扁卵形,长2~2.5 mm,短于宿存花被片或与其近等长,环状横裂;种子近球形,直径1 mm,棕色或黑色,边缘钝(图4.6)。

图4.6 反枝苋果(付卫东 摄)

【主要危害】世界性恶性杂草,入侵农田,会导致大豆、玉米、棉花、甜菜、高粱和多种蔬菜持续减产;同时还是多种农作物害虫和病毒的替代寄主。对其他杂草和农作物都具有化感作用,抑制其他植物生长,易形成优

反枝苋 4

势种群，影响生物多样性。茎和枝可以累积并浓缩硝酸盐，对牲畜有毒（图4.7）。

图4.7 反枝苋危害（付卫东 摄）

【控制措施】采取水旱轮作、深耕、中耕除草、清洁田园等农艺措施可以减少危害。在幼苗期人工拔除。入侵玉米田，可以选择阿特拉津、乙草胺、硝磺草酮、烟嘧磺隆等除草剂防除；入侵大豆田，可以选择乙羧氟草醚、氟磺胺草醚等除草剂防除；入侵棉花田，可以选择敌草隆、噁草灵等除草剂防除。

5 假刺苋

【学名】假刺苋 *Amaranthus dubius* Mart. ex Thell. 隶属苋科 Amaranthaceae 苋属 *Amaranthus*（图5.1）。

【起源】美洲热带地区、西印度群岛。

【分布】中国分布于北京、安徽、浙江、福建、河南、江西、广东、海南、贵州、云南及台湾。

图 5.1 假刺苋植株（王忠辉 摄）

假刺苋 5

【入侵时间】假刺苋最早在中国台湾被报道归化(2007年)。2002年首次在中国台湾花莲采集到该物种标本，2009年在广东东莞采集到该物种标本。

【入侵生境】常生长于农田、种植园、村庄、菜地、花园、路边、空地、荒地或垃圾堆等生境。

【形态特征】一年生草本植物，雌雄同株，植株高30～150 cm。

根 直根系，粗壮，有须根（图5.2）。

图5.2 假刺苋根（王忠辉 摄）

5 假刺苋

茎 茎粗壮,直立或上升,分枝较少,下部无毛,上部被微柔毛,绿色或绿色带紫红色(图5.3)。

图5.3 假刺苋茎(王忠辉 摄)

假刺苋 5

叶 叶无毛或近无毛，略肉质，菱状卵形，长8～12 cm，宽7～9 cm，叶基部楔形，边缘全缘，先端钝，具凹口，小凸尖；叶柄长达16 cm，绿色或绿色带紫红色（图5.4）。

图5.4 假刺苋叶（王忠辉 摄）

5 假刺苋

花 花序顶生和腋生，花集成顶生穗状花序或圆锥花序，紧密排列，植株顶端圆锥花序几乎无叶，花序长15～30 cm，圆锥花序侧生分枝开展至下垂；苞片膜质，三角状卵形，具直立的芒，长约1.2 mm，宽0.4～0.6 mm；雌花花被片5，膜质，长椭圆形，先端急尖，通常具短尖头，内轮花被片长1.2 mm，外轮花被片长1.4～1.6 mm，柱头3，流苏状；雄花着生于花序的顶端，偶见簇生呈团伞花序，花被片5，相等或近等长，雄蕊5，花药黄色，花丝白色，开花时花药伸出花被外（图5.5）。

图5.5 假刺苋花序（王忠辉 摄）

假刺苋 5

果 胞果卵球形或近球形,长1.5～2 mm,稍短于花被片,光滑至稍不规则皱缩,果皮规则横裂,横盖长1 mm;种子透镜状或近球形,直径0.8～1 mm,呈红棕色至黑色,光滑,有光泽(图5.6)。

图5.6 假刺苋种子(王忠辉 摄)

【**主要危害**】为农业和环境杂草,入侵农田与农作物竞争肥料、水分、空间,造成农作物减产和农业收入减少,导致生物多样性降低,特别是减少物种丰富度(图5.7)。

5 假刺苋

图5.7 假刺苋危害（王忠辉 摄）

【控制措施】 加强检验检疫。及时清除幼苗或在开花结果前拔除。

6 青葙

【学名】青葙 *Celosia argentea* L. 隶属苋科 Amaranthaceae 青葙属 *Celosia*。

【别名】鸡冠花、野鸡冠花、百日红。

【起源】印度。

【分布】中国分布于山东、河南、江苏、安徽、浙江、福建、江西、湖北、湖南、广东、广西、海南、四川、贵州、云南、陕西、甘肃及台湾。

【入侵时间】《中国北部植物图志》(1753年) 有记载。1902年首次在湖南采集到该物种标本。

【入侵生境】喜石灰性土壤和肥沃的砂壤土，常生长于丘陵、山坡、农田、果园、田边、路边、荒地或河滩等生境。

【形态特征】一年生草本植物，植株高 30～100 cm，全体无毛（图6.1）。

6 青葙

图 6.1 青葙植株(王忠辉 摄)

青葙 6

根 主根粗壮，须根少。

茎 茎直立，有分枝，绿色或红色，具显明条纹（图6.2）。

图6.2 青葙茎（①②付卫东 摄，③④王忠辉 摄）

6 青葙

叶 叶互生；叶片披针形或椭圆状披针形，长 5～8 cm，宽 1～3 cm，绿色常带红色，顶端急尖或渐尖，具小芒尖，基部渐狭；叶柄长 2～15 mm，或无叶柄（图 6.3）。

图 6.3　青葙叶（①②付卫东 摄，③王忠辉 摄）

青葙 6

花 花多数，密生，在茎端或枝端呈单一、无分枝的塔状或圆柱状穗状花序，长3～10 cm；苞片及小苞片披针形，长3～4 mm，白色，光亮，顶端渐尖，延长成细芒，具1中脉，在背部隆起；花被片矩圆状披针形，长6～10 mm，初为白色顶端带红色，或全部粉红色，后成白色，顶端渐尖，具1中脉，在背面凸起；花丝长5～6 mm，分离部分长2.5～3 mm，花药紫色；子房有短柄，花柱紫色，长3～5 mm（图6.4）。

图6.4 青葙花（付卫东 摄）

6 青葙

果 胞果卵形，长3～3.5 mm；种子倒卵形至肾状圆形，直径1～1.8 mm，略扁，表面黑色或红黑色，有光泽，种脐明显（图6.5）。

图6.5 青葙果（付卫东 摄）

【主要危害】为农田杂草，危害玉米、大豆、棉花及甘薯等农作物。青葙生长非常快，经常会与农作物争夺肥料水分，长高之后还会遮挡农作物影响光合作用，对农作物的危害极大；同时影响当地的生物多样性（图6.6）。

青葙 6

图6.6 青葙危害（①②付卫东 摄，③④王忠辉 摄）

【控制措施】种子成熟前人工拔除，旱作物田中耕除草。可以选择烟嘧磺隆、莠去津、苯唑草酮等除草剂防除。

7 单刺仙人掌

【学名】单刺仙人掌 Opuntia monacantha (Willd.) Haw. 隶属仙人掌科 Cactaceae 仙人掌属 Opuntia（图 7.1）。

【别名】绿仙人掌、月月掌。

【起源】南美洲。

【分布】中国分布于福建、广东、广西、海南、重庆、四川、贵州、云南、西藏及台湾。

【入侵时间】据刘文徵撰写的《滇志》（1625 年）记载，单刺仙人掌在云南作为花卉引种栽培。1912 年首次在云南腾冲采集到该物种标本。

【入侵生境】不耐涝，耐盐碱、耐旱，喜排水良好的砂质壤土，常生长于海拔 2 000 m

图 7.1 单刺仙人掌植株（付卫东 摄）

单刺仙人掌 7

以下的海边、山坡开阔地或石灰岩山地等生境。

【形态特征】多年生肉质灌木或小乔木,植株高 1.3～7 m。

根 肉质,分枝,细长。

茎 老株常具圆柱状主干,直径达 15 cm;分枝多数,开展,茎掌状,扁平,肉质肥厚;倒卵形、倒卵状长圆形或倒披针形,长 7～30 cm,宽 4～12.5 cm,绿色,先端圆形,边缘全缘或略呈波状;疏生小窠,小窠圆形,直径 3～5 mm,具短绵毛、倒刺刚毛和刺,刺针状,单生或 2(3) 聚生,直立,长 1～5 cm,灰色,具黑褐色尖头(图 7.2)。

图 7.2 单刺仙人掌茎(付卫东 摄)

7 单刺仙人掌

叶 锥形，长 2～4 mm，绿色或带红色，早落（图 7.3）。

图 7.3　单刺仙人掌叶（付卫东　摄）

单刺仙人掌 7

花 花辐射状,直径 5～7.5 cm;萼状花被片深黄色,外侧具红色中肋,卵圆形至倒卵形,有时具小尖头;瓣状花被片深黄色,先端圆形或截形,有时具小尖头,边缘近全缘;花丝绿色,花药淡黄色;花柱淡绿色,柱头黄白色(图 7.4)。

图 7.4 单刺仙人掌花(付卫东 摄)

7 单刺仙人掌

果 浆果倒卵球形，顶端凹陷，基部狭缩成柄状，紫红色，长 5～7.5 cm，直径 4～5 cm；具突起小窠，小窠具短绵毛和倒刺刚毛，通常无刺；种子多数，不规则椭圆形，长约 4 mm，宽约 3 mm，厚 1.5 mm，淡黄褐色。

【主要危害】为农业及环境杂草，在退化农场、受干扰地区及农业用地扩散比较快，能形成密集的灌丛，破坏原生植物的生境，限制人类及牲畜的活动。植株上的刺以及倒钩毛接触皮肤后，易导致皮肤过敏。

【控制措施】严禁引种。人工清除。植被替换覆盖。利用胭脂虫（*Dactylopius ceylonicus*）可以对单刺仙人掌进行有效地控制。

8 梨果仙人掌

【学名】梨果仙人掌 Opuntia ficus-indica（L.）Mill. 隶属仙人掌科 Cactaceae 仙人掌属 Opuntia。

【别名】仙桃。

【起源】墨西哥。

【分布】中国分布于福建、广东、广西、重庆、四川、贵州、云南、西藏及台湾。

【入侵时间】《云南通志》（清）有记载。1940年首次在云南富宁采集到该物种标本。

【入侵生境】喜排水良好的砂质壤土，常生长于海拔300～2 900 m以下的干热河谷或石灰岩山地等生境。

【形态特征】多年生肉质灌木或小乔木，植株高1.5～5 m（图8.1）。

图8.1 梨果仙人掌植株（付卫东 摄）

8 梨果仙人掌

根 须根系,无明显的主根,侧根伸展很远,根无汁且分布浅。

茎 老株可具圆柱状主干,直径达 15 cm;分枝多数,茎掌状,深绿色或灰绿色,阔倒卵形至狭倒卵形、椭圆形或长圆形,长(20)25～60 cm,宽 7～20 cm,表面无毛;具有多数小窠,小窠常狭椭圆形,通常无刺,有时具刺 1～6,针状,直立或开展,基部扁平;短绵毛灰褐色,少数倒刺刚毛黄色,均早落(图 8.2)。

图 8.2 梨果仙人掌茎(付卫东 摄)

梨果仙人掌 8

叶 锥形,长3～4 mm,绿色,早落(图8.3)。

图8.3 梨果仙人掌叶(付卫东 摄)

8 梨果仙人掌

花 花辐射状,直径 5～8 cm;萼片状花被片深黄色,宽卵形或倒卵形;瓣状花被片黄色至橙色,倒卵形至长圆状卵形;花丝和花药黄色;花柱鲜红色、淡绿色或黄白色,柱头黄色(图8.4)。

图 8.4 梨果仙人掌花(①付卫东 摄,②王忠辉 摄)

梨果仙人掌 8

果 浆果黄色、橙色或紫色,椭圆球形至梨形,顶端凹陷,长5~10 cm,直径4~9 cm,果实表面无毛通常无刺;小窠45~60个,均匀分布;种子多数,肾状椭圆形。

【**主要危害**】为农业及环境杂草,易入侵废弃的农业用地,在干扰严重的热带草原、灌丛能够很容易建立种群;梨果仙人掌植株高大,能形成比较密集的灌丛,破坏原生植物的生境,限制人类及牲畜的活动(图8.5)。

8 梨果仙人掌

图 8.5 梨果仙人掌危害（付卫东 摄）

【控制措施】严禁引种。对于野生植株应及时拔除。人工清除。

9 草胡椒

【学名】草胡椒 *Peperomia pellucida* (L.) Kunth 隶属胡椒科 Piperaceae 草胡椒属 *Peperomia*（图9.1）。
【别名】透明草。
【起源】美洲热带地区。
【分布】中国分布于江苏、浙江、福建、江西、湖北、

图 9.1　草胡椒植株（付卫东　摄）

9 草胡椒

广东、广西、海南、云南、香港、澳门及台湾等地。

【入侵时间】20世纪初在中国香港开始成为杂草,1919年首次在广东采集到该物种标本。

【入侵生境】喜潮湿、疏松土壤环境,常生长于林下湿地、石缝中或宅舍墙脚下等生境。

【形态特征】一年生肉质草本植物,植株高 5 ~ 40 cm。

根 须根多,下部节上常生不定根(图9.2)。

图 9.2 草胡椒根(付卫东 摄)

草胡椒 9

茎 茎直立或基部有时平卧,茎分枝,圆形,无毛,淡绿色,粗1～2 mm(图9.3)。

图9.3 草胡椒茎(付卫东 摄)

叶 叶互生;薄而易折,卵形,先端短尖或钝,基部阔,心形,长与宽均为1～3 cm;叶柄长8～10 mm(图9.4)。

图9.4 草胡椒叶(付卫东 摄)

9 草胡椒

花 穗状花序顶生枝端,直立,淡绿色,长 1~6 cm;花小,两性,无花被;雄蕊 2;子房椭圆形,柱头顶生(图 9.5)。

图 9.5 草胡椒花(付卫东 摄)

草胡椒 9

果 浆果球形，顶端尖，直径约 0.5 mm（图 9.6）。

图 9.6 草胡椒果（付卫东 摄）

9 草胡椒

【主要危害】 常见园圃杂草,种子繁殖和营养繁殖能力强,常随苗木传播,容易蔓延成片,形成优势种群,破坏生态系统结构和功能,影响生物多样性(图9.7)。

图9.7 草胡椒危害(付卫东 摄)

【控制措施】 开花前人工拔除。可以选择二氯苯氧乙酸、百草敌、苯达松等除草剂防除。

10 蓟罂粟

【学名】蓟罂粟 *Argemone mexicana* L. 隶属罂粟科 Papaveraceae 蓟罂粟属 *Argemone*。

【别名】刺罂粟、老鼠蓟、花叶大蓟、野鸦片、刺罂子。

【起源】美洲热带地区,包括美国佛罗里达州、墨西哥、加勒比海地区、中美洲和南美洲的西北部地区。

【分布】中国分布于江苏、福建、广东、海南、四川、云南、香港、澳门及台湾等地。

【入侵时间】1857年Seemann在报道中国香港植物时收录了蓟罂粟,这是在中国最早的文献记录。1907年首次在福建采集到该物种标本。

【入侵生境】对土壤要求不高,耐贫瘠,常生长于农田、果园、苗圃、庭院、路边荒地或河谷等生境。

【形态特征】一年生草本植物,粗壮,植株高30～100 cm(图10.1)。

10 蓟罂粟

图 10.1 蓟罂粟植株（付卫东 摄）

蓟罂粟 10

茎 茎具分枝,被稀疏、黄褐色、平展的刺,无毛(图10.2)。

图 10.2 蓟罂粟茎(张国良 摄)

10 蓟罂粟

叶 基生叶密聚,宽倒披针形、倒卵形或椭圆形,长 5～20 cm,宽 2.5～7.5 cm,先端急尖,基部楔形,边缘羽状深裂,裂片具波状齿,齿具尖刺,两面无毛,沿叶脉散生尖刺,表面绿色,沿叶脉的两侧灰白色,背面灰绿色;叶柄长 0.5～1 cm;茎生叶互生,与基生叶同形,但下部较大,无叶柄,常半抱茎(图 10.3)。

图 10.3 蓟罂粟叶(张国良 摄)

蓟罂粟 10

[花] 花单生于短枝顶端,花梗极短;每朵花具 2～3 片叶状苞片,苞片长 1～3 cm,宽 1～1.5 cm;花芽近球形,长约 1.5 cm;萼片舟形,长约 1 cm,顶端具距,距尖成刺,外面散生少数刺,于花开时脱落;花瓣 6,宽倒卵形,先端半圆形,基部宽楔形,长 1.7～3 cm,黄色或橙黄色;花丝长约 7 mm,花药狭长圆形,长 1.5～2 mm,开裂后弯成半圆形至圆形;子房椭圆形或长圆形,长 0.7～1 cm,被黄褐色伸展的刺,花柱极短,柱头 3～6 裂,深红色(图 10.4)。

图 10.4 蓟罂粟花(①付卫东 摄,②张国良 摄)

农业主要外来入侵植物图谱(第三辑)

10 蓟罂粟

果 蒴果长圆形或宽椭圆形,长 2.5～5 cm,宽 1.5～3 cm,被稀疏、黄褐色的刺,4～6 瓣自顶端开裂至全长的 1/4～1/3 处;种子球形,具明显的网纹(图 10.5)。

图 10.5 蓟罂粟果(①付卫东 摄,②张国良 摄)

蓟罂粟 10

【主要危害】 具有化感作用，入侵农田、菜地会导致农作物减产；因种子量大、易散落，繁殖扩散迅速，影响当地生物多样性；叶有刺，汁液有毒，种子有毒，误食对人类和牲畜有害（图10.6）。

图 10.6 蓟罂粟危害（付卫东 摄）

【控制措施】 加强检疫。严格控制栽培，防止随便丢弃植株或种子于野外环境；种子成熟前需要清理。野生种群在开花前拔除，避免扩散。可以选择麦草畏、敌草隆等除草剂防除。

11 臭荠

【学名】臭荠 Coronopus didymus (L.) Sm. 隶属十字花科 Cruciferae 臭荠属 Coronopus（图 11.1）。
【别名】臭独行菜、臭滨芥、臭菜、臭草等。
【起源】南美洲。
【分布】中国分布于北京、河北、山东、河南、上海、

图 11.1　臭荠植株（付卫东 摄）

臭荠 11

安徽、江苏、浙江、江西、湖北、福建、广东、重庆、四川、云南、西藏、甘肃、香港、澳门及台湾。

【入侵时间】20世纪30年代在江苏南部被发现,1972年首次在河南采集到该物种标本。

【入侵生境】适应性强,耐贫瘠,常生长于路旁、荒地、农田或果园等生境。

【形态特征】一年生或二年生匍匐草本植物,全株有臭味,植株高10~30 cm。

根 主根明显,直长,有分叉,细根发达。

茎 通常伏卧,主茎短而不明显,多分枝,被柔毛(图11.2)。

图 11.2 臭荠茎(付卫东 摄)

11 臭荠

叶 一至二回羽状分裂，裂片线形而尖，两面无毛，叶长 3～5 cm，宽 1.5～3 cm，裂片 3～7 对，长 4～8 mm，宽 0.5～1 mm。幼苗子叶线形，长 9 mm，宽 1.5 mm；下胚轴发达，上胚轴不发育；初生叶 2 片，对生，阔卵形，先端急尖，基部阔楔形，具长柄；后生叶羽状分裂，裂片 2～3 对，幼苗全株光滑无毛，有臭味（图 11.3）。

图 11.3　臭荠叶（付卫东　摄）

臭荠 11

花 总状花序，腋生，长可达 4 cm；花小，花瓣白色，长圆形，有时无；雄蕊 2；花柱极短，柱头凹陷，稍 2 裂（图 11.4）。

图 11.4 臭荠花（付卫东 摄）

果 短角果肾形，直径约 2 mm，宽约 1.5 mm，顶端下凹，表面有粗糙的皱纹，2 裂，果瓣半球形；成熟时沿中央分离而不裂，内有种子 1 粒；种子肾形，长约 1 mm，红棕色（图 11.5）。

图 11.5 臭荠果（付卫东 摄）

11 臭荠

【**主要危害**】为小麦、玉米、大豆等农田以及草坪杂草，通过竞争消耗养分，影响农作物与草坪的生长（图11.6）。

图 11.6 臭荠危害（付卫东 摄）

【**控制措施**】采用精选种子、深耕、中耕除草等农艺措施防止在农田中危害。可以选择2甲4氯、伴地农、莠去津等除草剂防除。

12 巴西含羞草

【学名】巴西含羞草 Mimosa diplotricha C. Wright 隶属豆科 Fabaceae 含羞草属 Mimosa（图 12.1）。

【别名】美洲含羞草。

【起源】美洲热带地区。

【分布】中国分布于广东、广西、海南、云南、香港、台湾等地。

图 12.1　巴西含羞草植株（付卫东　摄）

12 巴西含羞草

【入侵时间】 1950年首次在广东广州采集到该物种标本。

【入侵生境】 喜阳光充足、湿润环境，常生长于旷野、荒地、路旁、果园、苗圃或农田等生境。

【形态特征】 多年生草本植物，攀缘茎长达60 cm。

根 根系强壮。

茎 茎攀缘或平卧，五棱柱状，沿棱密生钩刺，其余被疏长毛，老时毛脱落（图12.2）。

图12.2 巴西含羞草茎（付卫东 摄）

巴西含羞草 12

叶 二回羽状复叶,长 10～15 cm;总叶柄及叶轴有钩刺 4～5 列;羽片 4～7(8)对,长 2～4 cm;小叶 12～20(30)对,线状长圆形,长 3～5 mm,宽约 1 mm,被白色长柔毛(图 12.3)。

图 12.3 巴西含羞草叶(付卫东 摄)

12 巴西含羞草

花 头状花序，花时连花丝直径约 1 cm，1 个或 2 个着生于叶腋，总花梗长 5～10 mm；花紫红色，花萼极小，4 齿裂；花冠钟状，长 2.5 mm，中部以上 4 瓣裂，外面稍被毛；雄蕊 8，花丝长为花冠的数倍；子房圆柱状，花柱细长（图 12.4）。

图 12.4 巴西含羞草花（付卫东 摄）

巴西含羞草 12

果 荚果长圆形，边缘及荚节有刺毛；种子扁平，卵形，浅棕色（图 12.5）。

图 12.5　巴西含羞草果（付卫东　摄）

12 巴西含羞草

【**主要危害**】为恶性杂草,是牧场、人工林和路边的主要杂草,不易铲除;入侵农田,会造成农作物减产;形成致密的地被和灌丛,抑止其他物种繁殖。具密生钩刺,会伤害人类和牲畜(图12.6)。

图 12.6 巴西含羞草危害(付卫东 摄)

【**控制措施**】对于成株可以在结果前人工砍除、拔除。可以选择阿特拉津、乙草胺、烟嘧黄隆等除草剂防除。

13 翅荚决明

【学名】翅荚决明 Senna alata L. 隶属豆科 Fabaceae 决明属 Senna（图 13.1）。

【别名】刺荚黄槐、有翅决明、具翅决明、翅荚槐。

【起源】美洲热带地区。

【分布】中国分布于福建、广东、海南、云南、香港、澳门及台湾。

【入侵时间】1909年由印度引种到中国台湾，1934年首次在海南采集到该物种标本。

图 13.1 翅荚决明植株（付卫东 摄）

农业主要外来入侵植物图谱（第三辑）

13 翅荚决明

【入侵生境】耐贫瘠，适应性强，喜高温、湿润气候，常生长于荒地、路旁、沟边或疏林等生境。

【形态特征】多年生常绿灌木，植株高 1.5～3 m。

茎 茎直立，枝粗壮，绿色（图 13.2）。

图 13.2 翅荚决明茎（付卫东 摄）

翅荚决明 13

叶 叶长 30～60 cm；在靠腹面的叶柄和叶轴上有 2 条纵棱，有狭翅，托叶三角形；小叶 6～12 对，薄革质，倒卵状长圆形或长圆形，长 8～15 cm，宽 3.5～7.5 cm，顶端圆钝而有小短尖头，基部斜截形，下面叶脉明显凸起；小叶柄极短或近无柄，无腺体（图 13.3）。

图 13.3　翅荚决明叶（付卫东　摄）

13 翅荚决明

花 花序顶生和腋生，具长梗，单生或分枝，长 10～50 cm；花直径约 2.5 cm；花瓣黄色，有明显的紫色脉纹；位于上部的 3 枚雄蕊退化，7 枚雄蕊发育，下部 2 枚雄蕊的花药大，侧面的较小（图 13.4）。

图 13.4 翅荚决明花（付卫东 摄）

翅荚决明 13

果 荚果呈长带状，长 10～20 cm，宽 1.2～1.5 cm，每果瓣的中央顶部有直贯至基部的翅，翅纸质，具圆钝的齿；种子 50～60 粒，扁平，三角形。

【**主要危害**】环境杂草，入侵森林和农业生态系统，影响森林和农田生境，使当地生物多样性降低（图 13.5）。

图 13.5 翅荚决明危害（付卫东 摄）

【**控制措施**】加强引种管理，避免逸生。发现野生种群，人工拔除。

14 白车轴草

【学名】白车轴草 *Trifolium repens* L. 隶属豆科 Fabaceae 车轴草属 *Trifolium*（图 14.1）。

【别名】白花苜蓿、白三叶、白花三叶草、白三叶草等。

【起源】欧洲。

【分布】中国分布于北京、黑龙江、吉林、辽宁、内蒙古、河北、河南、山东、山西、陕西、江苏、安徽、上

图 14.1　白车轴草植株（付卫东　摄）

白车轴草 14

海、浙江、江西、湖北、湖南、广东、广西、重庆、四川、贵州、云南、甘肃、宁夏、青海及新疆。

【入侵时间】19世纪引种到华北和西北地区，1908年首次在云南采集到该物种标本。

【入侵生境】喜弱酸性土壤，不耐盐碱，抗热，抗寒，喜阳，耐阴，常生长于农田、路边、牧场、草坪、旱作物田、果园或桑园等生境。

【形态特征】多年生草本植物，全株无毛，高10～30 cm。

根 主根短，侧根和须根发达（图14.2）。

图 14.2　白车轴草根（付卫东 摄）

14 白车轴草

茎 茎匍匐蔓生，无毛，上部稍上升，节上生根（图14.3）。

图14.3 白车轴草茎（付卫东 摄）

白车轴草 14

叶 掌状三出复叶；托叶卵状披针形，膜质，基部抱茎呈鞘状，离生部分锐尖；小叶倒卵形至近圆形，长1.2～2.5 cm，宽1～2 cm，先端凹至钝圆，基部楔形渐窄至小叶柄，中脉在下面隆起，侧脉约13对，两面均隆起，近叶边分叉并伸达锯齿齿尖；小叶柄长1.5 mm，微被柔毛（图14.4）。

图 14.4 白车轴草叶（付卫东 摄）

14 白车轴草

花 头状花序，有长于叶的总花序梗；花萼筒状，萼齿三角形，均有微毛；花冠白色、稀黄白色或淡红色（图14.5）。

图 14.5 白车轴草花（付卫东 摄）

白车轴草 14

果 荚果倒卵状椭圆形,长 3 mm,包于膜质、膨大、长约 1 cm 的宿存花萼内;种子 2~4 粒,较小,长宽相等,直径约为 1.5 mm,近圆状心形,黄褐色,表面光滑(图 14.6)。

图 14.6 白车轴草果(付卫东 摄)

【主要危害】为农田、路边、草场杂草,对暖季型草坪危害尤为严重,常成为导致草坪退化的最主要因素(图 14.7)。

14 白车轴草

图 14.7 白车轴草危害（付卫东 摄）

【控制措施】加强对引种栽培的监测和管理，防止逸生。可以选择氯氟吡氧乙酸、2甲4氯等除草剂防除。

15 红车轴草

【学名】红车轴草 *Trifolium pretense* L. 隶属豆科 Fabaceae 车轴草属 *Trifolium*（图 15.1）。

【别名】红花车轴草、红三叶、红三叶草、红花苜蓿等。

【起源】欧洲。

【分布】中国分布于黑龙江、辽宁、河北、山西、河南、

图 15.1　红车轴草植株（付卫东　摄）

15 红车轴草

江苏、安徽、湖北、湖南、江西、重庆、四川、贵州、云南、陕西、甘肃、青海、宁夏及新疆等地。

【入侵时间】19 世纪引种到西北和华北地区,1989 年首次在河南采集到该物种标本。

【入侵生境】不耐旱、不耐涝,常生长于路边、农田、牧场、旱作物田或果园等生境。

【形态特征】多年生草本植物,高 15 ～ 30 cm。

根 根系粗壮(图 15.2)。

图 15.2 红车轴草根(付卫东 摄)

红车轴草 15

茎 茎粗壮,具纵棱,直立或平卧上升,疏生柔毛或秃净(图15.3)。

图15.3 红车轴草茎(付卫东 摄)

15 红车轴草

叶 掌状三出复叶；叶基部宽楔形，边缘有细锯齿，表面无毛，背面微有毛；托叶椭圆形，先端尖，抱茎（图15.4）。

图 15.4 红车轴草叶（付卫东 摄）

红车轴草 15

花 头状花序,有长于叶的总花序梗;花萼筒状,花冠淡紫红色或紫色;有大型总苞,卵圆形,顶端锐尖,有纵脉;萼齿线状披针形,最下面1萼齿较长,有长毛(图15.5)。

图15.5 红车轴草花(付卫东 摄)

15 红车轴草

果 荚果倒卵状椭圆形,长 3 mm,包于膜质、膨大、长约 1 cm 的宿存花萼内;种子 1 粒,较小,长宽相等,直径约 1.5 mm,近圆状心形,表面光滑(图 15.6)。

图 15.6 红车轴草果(付卫东 摄)

白车轴草和红车轴草的形态特征比较表

特征	白车轴草	红车轴草
生物型	多年生草本植物(6 年左右)	多年生草本植物(2～4 年)
根	主根较短,侧根和不定根发达	根系粗壮
茎	茎匍匐,随地生长,长 20～60 cm,叶层高 10～25 cm	茎直立或上升,多分枝,高 15～30 cm
叶	掌状复叶,具 3 枚小叶	掌状复叶,具 3 枚小叶
花	头状花序,腋生,花冠白色、稀黄白色或粉红色	头状花序,腋生,花冠红色或紫红色
果	荚果,通常具 3～4 粒种子	荚果小,通常具 1 粒种子

红车轴草 15

【**主要危害**】为草场、草坪杂草,破坏草场或草坪,影响景观,降低生物多样性;有时入侵农田,影响农作物产量(图 15.7)。

图 15.7 红车轴草危害(付卫东 摄)

【**控制措施**】严格管理引种和栽培。可以选择氯氟吡氧乙酸、2甲4氯等除草剂防除。

16 蔓花生

【学名】蔓花生 Arachis duranensis Krap. et Greg. 隶属豆科 Fabaceae 落花生属 Arachis。

图 16.1 蔓花生植株
（付卫东 摄）

【起源】南美洲。

【分布】中国分布于福建、江西、广东、广西、海南、云南、台湾等地。

【入侵时间】1991年首次在广东湛江采集到该物种标本。

【入侵生境】喜温暖、湿润气候，耐阴、耐旱、耐热，不耐寒，常生长于草坪、路边、荒地或坡地等生境。

【形态特征】多年生草本植物，植株高 10～15 cm，全株散生小茸毛（图 16.1）。

蔓花生 16

根 有明显主根，须根多，均有根瘤。

茎 茎为蔓生，匍匐生长，茎节间长1.5～2 cm（图16.2）。

图 16.2　蔓花生茎（付卫东　摄）

16 蔓花生

叶 偶数羽状复叶互生；有小托叶2枚；叶片倒卵形，全缘，夜晚闭合（图16.3）。

图 16.3 蔓花生叶（付卫东 摄）

蔓花生 16

花 花腋生,蝶形金黄色,花瓣3片,花柄较长,花量多;旗瓣近圆形,翼瓣长圆形,龙骨瓣内弯;花药二型,长短互生;子房近无柄,花柱细长(图16.4)。

图 16.4 蔓花生花(付卫东 摄)

果 荚果长桃形,果壳薄,果实易分散。

16 蔓花生

【主要危害】易繁殖，生长快，逸生侵占本地物种生长空间，影响生态环境，降低生物多样性（图16.5）。

图16.5 蔓花生危害（付卫东 摄）

【控制措施】加强引种管理。在开花结果或果实成熟前连根拔除。

17 印度草木樨

【学名】印度草木樨 *Melilotus indicus* (L.) All. 隶属豆科 Fabaceae 草木樨属 *Melilotus*（图 17.1）。

【别名】小花草木樨、草木樨、酸三叶草、野花生、蛇蜕草、辟汗草。

【起源】印度。

【分布】中国分布于河北、江苏、安徽、福建、山东、湖北、湖南、江西、广东、广西、海南、重庆、四川、

图 17.1 印度草木樨植株（付卫东 摄）

17 印度草木樨

贵州、云南、西藏、陕西及台湾等地。

【入侵时间】1918年首次在山东青岛采集到该物种标本，同年作为饲料引种到中国台湾。

【入侵生境】常生长于农田、果园、山沟、溪旁、矿地、路旁或荒地等生境。

【形态特征】一年生草本植物，植株高 20～50 cm。

根 根系细而松散。

茎 茎直立，"之"字形曲折，自基部分枝，圆柱形，初被细柔毛，后脱落（图 17.2）。

图 17.2 印度草木樨茎（付卫东 摄）

叶 羽状三出复叶；托叶披针形，边缘膜质，长4～6 mm，先端长，锥尖，基部扩大呈耳状，有2～3细齿；叶柄细，与小叶近等长；小叶倒卵状楔形至狭长圆形，近等大，长10～25（30）mm，宽8～10 mm，先端钝或截平，有时微凹，基部楔形，边缘在2/3处以上具细齿，上面无毛，下面被贴伏柔毛，侧脉7～9对，平行直达齿尖（图17.3）。

图17.3　印度草木樨叶（付卫东 摄）

17 印度草木樨

花 总状花序细，长1.5～4 cm，总花序梗较长，被柔毛，具花15～25朵；苞片刺毛状，甚细；花小，长2.2～2.8 mm；花梗短，长约1 mm；花萼杯状，长约1.5 mm，脉纹5条，明显隆起，萼齿三角形，稍长于萼筒；花冠黄色，旗瓣阔卵形，先端微凹，与翼瓣、龙骨瓣近等长，或龙骨瓣稍伸出；子房卵状长圆形，无毛，花柱比子房短，胚珠2粒（图17.4）。

图 17.4 印度草木樨花（付卫东 摄）

印度草木樨 17

果 荚果球形，橄榄绿色，成熟后褐色；种子阔卵形，暗褐色。

【**主要危害**】逸生为农田、果园杂草，入侵农田或果园，可造成农作物和果树减产。全草含香豆精、纤维糖，大剂量将导致牲畜出现恶心、呕吐、眩晕、心脏抑制、四肢发冷等症状，马、羊等牲畜取食此草过多，可被麻醉（图17.5）。

17 印度草木樨

图 17.5　印度草木樨危害（①②付卫东 摄，③④张国良 摄）

【控制措施】 可以采取清洁田园、中耕除草、刈割等农艺措施控制。可以选择 2 甲 4 氯、百草敌等除草剂防除。

18 关节酢浆草

【学名】关节酢浆草 *Oxalis articulata* Savigny 隶属酢浆草科 Oxalidaceae 酢浆草属 *Oxalis*。

【别名】紫心酢浆草。

【起源】南美洲（巴西、阿根廷、巴拉圭、乌拉圭）。

【分布】中国分布于北京、江苏、安徽、浙江、山东、河南、湖北、云南及陕西。

【入侵时间】《经济植物手册》（下册）（1955年）有记载。1958年首次在浙江杭州采集到该物种标本。

【入侵生境】常生长于花园、路旁或草地等生境。

【形态特征】多年生草本植物（图18.1）。

图 18.1 关节酢浆草植株（付卫东 摄）

18 关节酢浆草

根 根状茎木质化,具不规则串珠状结节,表面被黑褐色膜状鳞片。

茎 无匍匐茎及鳞茎。

叶 叶基生;叶柄长 11～30 cm,小叶 3 枚,表面为绿色,背面为绿色至紫色,长 18～20 cm,呈圆状倒心形,顶端凹入,边缘密被松散纤毛状,表面均匀被糙状茸毛,草酸盐斑点主要集中于叶片边缘或整个表面(图 18.2)。

图 18.2 关节酢浆草叶(付卫东 摄)

关节酢浆草 18

花 伞形聚伞花序,具小花 3～12 朵;花葶长 12～28 cm,疏生糙伏毛;花柱异长;萼片顶端有 2 个橙色的小突起;花瓣通常略带紫红色,稀为白色,长 10～14 mm(图 18.3)。

图 18.3 关节酢浆草花(付卫东 摄)

18 关节酢浆草

果 蒴果卵形，4～8 mm，疏生糙伏毛。

【主要危害】具有化感作用，抑制其他植物生长，影响生态环境，降低生物多样性（图18.4）。

图 18.4 关节酢浆草危害（付卫东 摄）

【控制措施】加强引种管理。野外发现应及时铲除。

19 红花酢浆草

【学名】红花酢浆草 Oxalis corymbosa DC. 隶属酢浆草科 Oxalidaceae 酢浆草属 *Oxalis*。

【别名】大酸味草、铜锤草、紫花酢浆草、多花酢浆草。

【起源】美洲热带地区。

【分布】中国分布于北京、天津、河北、内蒙古、辽宁、吉林、黑龙江、山西、上海、江苏、安徽、浙江、福建、山东、河南、湖北、湖南、江西、广东、广西、海南、重庆、四川、贵州、云南、西藏、陕西、宁夏、甘肃、青海、新疆、香港及台湾。

【入侵时间】1861 年在中国香港有报道,《广州植物志》(1856 年)和《海南植物志》(1964 年)均有记载。1917 年首次在中国香港采集到该物种标本。

【入侵生境】喜潮湿、疏松土壤环境,常生长于低海拔的山地、荒地、田野、路旁、庭院、绿化带或公园等生境。

【形态特征】多年生直立草本植物(图 19.1)。

19 红花酢浆草

图 19.1　红花酢浆草植株（付卫东　摄）

红花酢浆草 19

根 地下鳞茎纺锤形；主直根倒圆锥状，肉质，银白色，有小分枝；细根长，有分枝，末端根毛分布多。

茎 无根状茎；茎的地上部分有球状鳞茎，外层鳞片膜质，褐色，背具3条肋状纵脉，被长缘毛，内层鳞片呈三角形，无毛（图 19.2）。

图 19.2 红花酢浆草茎（①王忠辉 摄，②③付卫东 摄）

农业主要外来入侵植物图谱（第三辑）

19 红花酢浆草

叶 叶基生;叶柄长 5～30 cm 或更长,被毛;小叶 3 枚,呈圆状倒心形,长 1～4 cm,宽 1.5～6 cm,先端凹入,两侧角圆形,基部宽楔形,表面为绿色,被毛或近无毛;背面为浅绿色,通常两面或有时仅边缘有干后呈棕黑色小腺体,背面尤甚并被疏毛;托叶长圆形,顶部狭尖,与叶柄基部合生(图 19.3)。

图 19.3 红花酢浆草叶(付卫东 摄)

红花酢浆草 19

花 花序梗基生,二歧聚伞花序,通常排列成伞形花序,总花序梗长 10～40 cm 或更长,被毛;花梗、苞片、萼片均被毛;花梗长 5～25 mm,花梗具披针形干膜质苞片 2 枚;萼片 5,披针形,长 4～7 mm,先端具暗红色长圆形小腺体 2 枚;花瓣 5,倒心形,长 1.5～2 cm,为萼片长度的 2～4 倍,淡紫色或紫红色,基部颜色较深;雄蕊 10,长的 5 枚超出花柱,另外 5 枚长至子房中部,花丝被长柔毛;子房 5 室,花柱 5 枚,被锈色长柔毛,柱头浅 2 裂(图 19.4)。

图 19.4 红花酢浆草花(付卫东 摄)

19 红花酢浆草

果 蒴果短角果状，圆柱形，长 2 cm，被毛；种子长卵形，长 1.5～2 mm，棕褐色，具横向肋状网纹。

【主要危害】 逸生后成为园圃和田间杂草，由于适应性强，对农作物和园林绿化植物均有严重影响，入侵农田可使玉米、小麦及其他农作物减产；同时抑制本地植物生长，影响生态环境，降低生物多样性（图 19.5）。

图 19.5 红花酢浆草危害（①②付卫东 摄，③王忠辉 摄）

【控制措施】 加强检疫，防止随带土苗木扩散。人工挖除小鳞茎。可以选择 2 甲 4 氯等除草剂防除。

20 紫叶酢浆草

【学名】紫叶酢浆草 *Oxalis triangularis* A. Saint-Hilaire 隶属酢浆草科 Oxalidaceae 酢浆草属 *Oxalis*。

【别名】三角紫叶酢浆草、三角酢浆草、紫叶山本酢浆草。

【起源】南美洲热带地区。

【分布】中国分布于上海、河南、湖北、江西、广东、重庆及台湾。

【入侵时间】1997年作为园林花卉引种到上海，2009年首次在江西九江采集到该物种标本。

【入侵生境】喜湿润、半阴、通风良好环境，常生长于路旁、绿化带或草坪等生境。

【形态特征】多年生宿根草本植物，植株高 15～30 cm（图 20.1）。

图 20.1 紫叶酢浆草植株
（付卫东 摄）

20 紫叶酢浆草

根 根肉质,纺锤状。

茎 地下部分有小鳞茎,鳞茎不断增生,在地下呈珊瑚状分布;根状茎具分枝,密被鳞片。

叶 叶簇生于地下茎上;具长柄,掌状三出复叶;小叶呈倒三角形,上端中央微凹,被少量白毛;叶片初生为玫瑰红色,成熟时为紫红色(图 20.2)。

图 20.2　紫叶酢浆草叶(付卫东 摄)

紫叶酢浆草 20

花 伞形花序,具花5~9朵,花瓣5,淡红色或淡紫色(图20.3)。

图20.3 紫叶酢浆草花(付卫东 摄)

果 蒴果近圆柱状,5棱,被短柔毛;种子扁卵形,长1~1.5 mm,红褐色,有横沟槽。

20 紫叶酢浆草

【主要危害】 逸生为杂草，排挤本地植物，影响生态环境，降低生物多样性（图20.4）。

图20.4 紫叶酢浆草危害（付卫东 摄）

【控制措施】 加强引种管理。野外发现应在开花前及时拔除并铲除地下块茎。

21 蓖麻

【学名】蓖麻 Ricinus communis L. 隶属大戟科 Euphbiaceae 蓖麻属 *Ricinus*（图 21.1）。
【别名】红麻、草麻、大麻子、牛蓖。
【起源】非洲。
【分布】中国分布于河南、山东、安徽、江苏、上海、江西、湖北、湖南、福建、广东、广西、海南、重庆、

图 21.1 蓖麻植株（付卫东 摄）

21 蓖麻

四川、贵州、云南及台湾等地。

【入侵时间】根据《唐本草》（公元659年）记载，蓖麻早年作为药用植物引种到中国，20世纪50年代作为油脂作物推广。1991年首次在河南采集到该物种标本。

【入侵生境】适应性强，耐瘠薄、耐干旱、耐盐碱，常生长于林旁、疏林、河岸或荒地等生境。

【形态特征】一年生粗壮草本或草质灌木植物，通常呈绿色、青灰色或紫红色，植株高 1～3 m。

根 直根系，具粗壮发达主根。

茎 全株光滑，茎圆形中空，有分枝（图21.2）。

图21.2 蓖麻茎（付卫东 摄）

蓖麻 21

叶 叶互生；有长柄，盾状着生；叶片近圆形，直径 15～60 cm，掌状分裂 5～11 裂，裂片边缘有锯齿，网脉明显，两面无毛；叶柄粗壮，中空，长可达 40 cm，顶端具 2 枚盘状腺体，基部具盘状腺体；托叶长三角形，长 2～3 cm，早落（图 21.3）。

图 21.3　蓖麻叶（①王忠辉 摄，②③④付卫东 摄）

21 蓖麻

花 圆锥花序与叶对生，长 15～30 cm；单性花无花瓣；雌花在上部，花柱粉红色；雄花在下部，淡黄色（图 21.4）。

图 21.4 蓖麻花（付卫东 摄）

蓖麻 21

果 蒴果长圆形,直径1.5～2.5 cm,果皮具软刺,3瓣裂;种子椭圆形,稍扁,长8～18 mm,平滑有光泽并具有黑色、白色、棕色斑纹(图21.5)。

图 21.5 蓖麻果(付卫东 摄)

21 蓖麻

【主要危害】 逸生后成为高大的杂草，排挤本地植物或危害栽培植物，影响本地生物多样性。在南方，多年生的蓖麻是多种病虫害的寄主，为害虫越冬创造了有利条件。蓖麻种子含有蓖麻毒蛋白及蓖麻碱，误食可造成中毒甚至死亡（图 21.6）。

蓖麻 21

图 21.6 蓖麻危害（付卫东 摄）

【控制措施】可以在结果前将植株连根拔除。可以选择甲磺隆、豆草隆等除草剂防除。

22 苦味叶下珠

【学名】苦味叶下珠 Phyllanthus amarus Schumach. & Thonn. 隶属大戟科 Phyllanthaceae 叶下珠属 Phyllanthus。

图 22.1 苦味叶下珠植株
（王忠辉 摄）

【别名】霸贝菜、月下珠、美洲珠子草等。

【起源】美洲。

【分布】中国分布于广东、广西、海南、云南等地。

【入侵时间】1928 年首次在中国台湾采集到该物种标本。

【入侵生境】喜温暖、湿润气候，常生长于生活区、空旷地、田边或溪边草丛等生境。

【形态特征】一年生草本植物，具气味，味苦，全株无毛，植株高 50～120 cm（图 22.1）。

苦味叶下珠 22

根 主根不发达，须根多数（图22.2）。

图22.2 苦味叶下珠根（王忠辉 摄）

茎 茎直立，圆柱状，不具翅，基部木质化，略呈黄色、草黄色或棕色（图22.3）。

图22.3 苦味叶下珠茎（①② 付卫东 摄，③王忠辉 摄）

22 苦味叶下珠

叶 叶片退化呈披针形或三角状鳞片；小枝上的叶 2 列，互生；托叶线形或线状披针形，绿色；叶柄长 5 mm；叶片长圆形或椭圆状长圆形，长 3～8 mm，宽 2～4.5 mm，膜质或薄纸质，基部圆形，顶端钝角或圆，常具小尖头；侧脉 4～7 对，背面稍微明显，正面不明显（图 22.4）。

图 22.4 苦味叶下珠叶（付卫东 摄）

苦味叶下珠 22

花 沿茎叶下面开白色小花,无花柄;花后结扁圆形小果,形如小珠,排列于假复叶下面(图22.5)。

图22.5 苦味叶下珠花(王忠辉 摄)

果 蒴果无柄,扁球形,表面淡绿色;种子细小,三棱形,长1~1.3 mm,宽0.8~1 mm,种皮薄,成熟时浅黄色(图22.6)。

图22.6 苦味叶下珠果(王忠辉 摄)

22 苦味叶下珠

【主要危害】一般杂草，危害旱地、草坪，危害轻微（图22.7）。

苦味叶下珠 22

图 22.7 苦味叶下珠危害（①②付卫东 摄，③④王忠辉 摄）

【控制措施】 可以在种子成熟前拔除。可以选择草甘膦、草丁膦及氯氟吡氧乙酸等除草剂防除。

23 南欧大戟

【学名】南欧大戟 *Euphorbia peplus* L. 隶属大戟科 Euphorbiaceae 大戟属 *Euphorbia*。

图 23.1 南欧大戟植株
（付卫东 摄）

【别名】癣草。

【起源】欧洲、亚洲和非洲北部的地中海沿岸。

【分布】中国分布于北京、福建、广东、广西、四川、贵州、云南、香港及台湾等地。

【入侵时间】1921 年首次在福建采集到该物种标本。

【入侵生境】常生长于路旁、住宅旁、草地或树下等半荫蔽湿润生境。

【形态特征】一年生草本植物，植株高 20～28 cm（图 23.1）。

南欧大戟 23

根 根纤细，长 6～8 cm，下部多分枝（图 23.2）。

图 23.2 南欧大戟根（付卫东 摄）

23 南欧大戟

茎 茎非肉质,具主茎,茎单一或自基部多分枝,斜向上开展,直径约 2 mm(图 23.3)。

图 23.3 南欧大戟茎(付卫东 摄)

南欧大戟 23

叶 下部营养叶互生；倒卵形至匙形，长 1.5～4.0 cm，宽 7～18 mm，先端钝圆、平截或微凹，基部呈楔形，全缘，常无毛；叶柄长 1～3 mm；待开花时，上部苞叶对生或轮生；总苞叶 3～4 枚，与茎生叶同形或相似；苞叶 2 枚，无叶柄，顶部苞叶为绿色（图 23.4）。

图 23.4 南欧大戟叶（付卫东 摄）

23 南欧大戟

花 杯状花序,单生顶端,二歧分枝,基部近无柄;总苞呈杯状,高与直径均约 1 mm,边缘 4 裂,裂片钝圆,边缘具睫毛;腺体 4,新月形,先端具两角,黄绿色;雄花数枚,常不伸出总苞外;雌花 1,子房柄长 2~3.5 mm,明显伸出总苞外;子房具 3 条纵棱,每条棱上具有翅,光滑无毛,花柱 3,分离,柱头 2 裂(图 23.5)。

图 23.5 南欧大戟花(付卫东 摄)

南欧大戟 23

果 蒴果三棱状球形，长与直径均 2～2.5 mm，无毛；种子呈卵棱状，长约 1.23 mm，直径约 0.7 mm，具纵棱，背面有网状孔洞，腹面左右两侧具长条状凹陷，呈灰色、灰白色或淡黄色；种阜为白色，呈圆锥状，无柄。

【主要危害】入侵农田，与农作物争夺水分，影响农作物产量。汁液有毒。

【控制措施】农作物种植前深翻土壤，中耕除草、清洁田园可以减少危害。种子成熟前拔除。对于秋收旱作物田可以选择氨氟乐灵、噁草灵处理土壤加以防除；对于非农田生境可以选择 2 甲 4 氯、草甘膦等防除。

24 五叶地锦

【学名】五叶地锦 *Parthenocissus Quinquefolia*（L.）Planch. 隶属葡萄科 Vitaceae 地锦属 *Parthenocissus*。

图 24.1 五叶地锦植株（付卫东 摄）

【别名】五叶爬山虎、美国爬山虎、美国地锦。

【起源】北美洲东部。

【分布】中国分布于北京、天津、河北、辽宁、吉林、黑龙江、内蒙古、山西、江苏、安徽、浙江、山东、河南、江西、广东、广西、海南、四川、贵州、云南、陕西、甘肃及台湾等地。

【入侵时间】《东北木本植物图志》（1955 年）有记载。1937 年首次在黑龙江采集到该物种标本（图 24.1）。

五叶地锦 24

【入侵生境】耐寒，耐旱，喜阴湿、向阳环境，常生长于公园、路边、林地或荒野等生境。

【形态特征】多年生木质藤本植物。

根 根系深扎，细根多。

茎 小枝圆柱形，幼枝带紫红色，无毛；卷须总状 5～9 分枝，相隔 2 节间断与叶对生，卷须顶端嫩时尖细卷曲，后遇附着物扩大成吸盘（图 24.2）。

图 24.2 五叶地锦茎（付卫东 摄）

24 五叶地锦

图 24.3　五叶地锦叶
（付卫东　摄）

叶 叶互生，具长柄；复叶，具掌状 5 小叶；小叶倒卵圆形、倒卵椭圆形或外侧小叶椭圆形，长 5.5～15 cm，宽 3～9 cm，最宽处在上部或外侧小叶最宽处在近中部，顶端短尾尖，基部楔形或阔楔形，边缘有粗锯齿，上面绿色，下面浅绿色，两面均无毛或下面脉上微被疏柔毛；侧脉 5～7 对，网脉两面均不明显突出；叶柄长 5～14.5 cm，无毛，小叶有短柄或几无柄（图 24.3）。

花 花序假顶生形成主轴明显的圆锥状多歧聚伞花序，长 8～20 cm；花序梗长 3～5 cm，无毛；花梗长 1.5～2.5 mm，无毛；花蕾椭圆形，高 2～3 mm，顶端圆形；萼碟形，边缘全缘，无毛；花瓣 5，长椭圆形，高 1.7～2.7 mm，无

五叶地锦 24

毛；雄蕊5，花丝长0.6~0.8 mm，花药长椭圆形，长1.2~1.8 mm；花盘不明显；子房卵锥形，渐狭至花柱，或后期花柱基部略微缩小，柱头不扩大。

果 浆果球形，直径1~1.2 cm，具种子1~4粒；种子倒卵形，顶端圆形，基部急尖成短喙，种脐在种子背面中部呈近圆形，腹部中棱脊突出，两侧洼穴呈沟状，从种子基部斜向上达种子顶端。

【主要危害】 被五叶地锦攀附的树木枝条会大量死亡，其根部被五叶地锦的根和茎包围，影响树木的生长和生存，影响生物多样性和景观（图24.4）。

图24.4　五叶地锦危害（付卫东 摄）

【控制措施】 严格控制引种栽培，特别不宜作为荒山、道路等荒野地的绿化植物，以免蔓延扩散而失控。

25 赛葵

【学名】赛葵 Malvastrum coromandelianum (L.) Garcke 隶属锦葵科 Malvaceae 赛葵属 Malvastrum。

【别名】黄花棉、黄花草。

【起源】美洲。

【分布】中国分布于上海、福建、江西、广东、广西、海南、贵州、云南、香港、澳门及台湾。

【入侵时间】19世纪最早入侵中国香港及广东沿海，1908年首次在中国台湾采集到该物种标本。

【入侵生境】常生长于草坡、荒地、林缘、路旁或果园等生境。

【形态特征】多年生草本亚灌木状植物，植株高达1 m，常绿（图25.1）。

图 25.1 赛葵植株（付卫东 摄）

赛葵 25

茎 茎直立,疏被单毛和星状粗毛(图25.2)。

图25.2 赛葵茎(①②③付卫东 摄,④王忠辉 摄)

25 赛葵

叶 叶片卵状披针形或卵形,长 2～6 cm,宽 1～3 cm,先端钝圆,基部宽楔形至圆形,边缘具粗锯齿,上面疏被长毛,下面疏被长毛和星状毛;托叶披针形;叶柄长 1～3 cm,密被长毛(图 25.3)。

图 25.3 赛葵叶(付卫东 摄)

赛葵 25

花 花1～2朵，单生于叶腋；小苞片3，线形，长约5 mm；花梗长约5 mm；花萼浅杯状，5裂；花黄色，直径约1.5 cm，花瓣5，倒卵形；雄蕊柱长约6 mm，无毛；心皮约10，每心皮有1直立胚珠，柱头头状（图25.4）。

图25.4 赛葵花（付卫东 摄）

25 赛葵

果 果为分果，直径 2～6 mm；分果爿 8～12，肾形，疏被星状柔毛，背具芒刺 2 条（图 25.5）。

图 25.5 赛葵果（付卫东 摄）

赛葵 25

【主要危害】 为热带路边、果园、草地、林缘常见杂草,排挤本地植物,形成单一优势种群,影响入侵地生物多样性(图25.6)。

图25.6 赛葵危害(王忠辉 摄)

【控制措施】 加强检疫。种子成熟前人工拔除。可以选择草甘膦等除草剂防除。

26 鸡蛋果

【学名】鸡蛋果 *Passiflora edulis* Sims 隶属西番莲科 Passifloraceae 西番莲属 *Passiflora*（图 26.1）。

图 26.1 鸡蛋果植株
（张国良 摄）

【别名】紫果西番、洋石榴、百香果。

【起源】巴西。

【分布】中国分布于江苏、浙江、福建、广东、广西、海南、重庆、四川、贵州、云南、香港、澳门及台湾。

【入侵时间】1901年中国台湾从日本东京石川植物园引种紫鸡蛋果。中国较早的标本记录为陈焕镛1927年4月在香港采集到该物种标本。

【入侵生境】常生长于海拔180～1 900 m的路旁、农

鸡蛋果 26

田或山谷丛林等生境。

【形态特征】多年生常绿草本植物,成年植株的茎可达 8 m。

根 肉质根,侧根较发达。

茎 茎半木质化,分枝,具连续生长特性,茎上每节均有卷须(图 26.2)。

图 26.2 鸡蛋果茎(①张国良 摄,②付卫东 摄)

26 鸡蛋果

叶 单叶互生；叶片薄纸质，长 6～13 cm，宽 8～14 cm，掌状 3 深裂，边缘具缺刻（图 26.3）。

图 26.3　鸡蛋果叶（付卫东　摄）

鸡蛋果 26

花 花为完全花,雌雄异花,单生于叶腋;花冠直径4 cm左右;子房上位;雄蕊3,花药大而花丝极短,紧缩于花冠内;聚伞花序退化,仅存1朵花,芳香,花瓣披针形,白色带淡紫色,约与萼片等长;副花冠的丝状体多数3轮排列,约与花瓣等长,基部淡绿色,中部白紫色,顶部白色(图26.4)。

图 26.4 鸡蛋果花(①②付卫东 摄,③张国良 摄)

26 鸡蛋果

果 浆果卵形,纵径 5～7 cm,横径 4～6 cm,幼果绿色,成熟果紫色;种子黑色(图 26.5)。

图 26.5 鸡蛋果果(①②付卫东 摄,③张国良 摄)

【主要危害】常攀附其他植物生长,易形成大面积的单一优势群落,危害入侵地的本地植物,影响生物多样性。

【控制措施】加强引种管理。在结果前连根拔除。

27 红瓜

【学名】红瓜 *Coccinia grandis*（L.）Voigt 隶属葫芦科 Cucurbitaceae 红瓜属 *Coccinia*。

【别名】金瓜、老鸦菜、山黄瓜。

【起源】亚洲东南部和印度。

【分布】中国分布于福建、广东、广西、海南及云南等地。

【入侵时间】1860 年在福建发现，1929 年首次在广东采集到该物种标本。

【入侵生境】常生长于山坡灌丛、林缘、路边或沟谷边等生境。

【形态特征】多年生攀缘草本植物（图 27.1）。

图 27.1　红瓜植株（付卫东　摄）

27 红瓜

根 根粗壮。

茎 茎纤细,稍带木质,多分枝,有棱角,光滑无毛(图27.2)。

图27.2 红瓜茎(①②张国良 摄,③付卫东 摄)

28 刺芹

【学名】刺芹 *Eryngium foetidum* L. 隶属伞形科 Apiaceae 刺芹属 *Eryngium*（图 28.1）。

【别名】假芫荽、节节花、野香草、假香荽、缅芫荽。

【起源】美洲热带地区。

【分布】中国分布于广东、广西、海南、贵州及云南等地。

图 28.1 刺芹植株（付卫东 摄）

红瓜 27

图 27.5　红瓜果（张国良　摄）

【主要危害】入侵农田，可造成农田管理的成本增加；在入侵地与本地植物争夺生存空间和营养，影响和降低生物多样性（图 27.6）。

图 27.6　红瓜危害（张国良　摄）

【控制措施】加强引种管理。野外逸生种群在结果前连根拔除。

27 红瓜

花 雌雄异株；雌花、雄花均单生。雄花花梗细弱，光滑无毛，花萼筒宽钟形，长、宽均 4~5 mm，裂片线状披针形；花冠白色或稍带黄色，5 中裂，裂片卵形；雄蕊 3，花丝及花药合生，花药近球形，药室折曲。雌花梗纤细，长 1~3 cm；退化雄蕊 3，近钻形，基部有短的长柔毛；子房纺锤形，花柱纤细，无毛，柱头 3（图 27.4）。

图 27.4 红瓜雄花（①付卫东 摄，②③张国良 摄）

果 果实纺锤形，长 5 cm，直径 2.5 cm，熟时深红色；种子黄色，长圆形，长 6~7 mm，宽 2.5~4 mm，厚 1.5 mm，两面密布小疣点，顶端圆（图 27.5）。

红瓜 27

叶 叶柄细,有纵条纹,长 2～5 cm;叶片阔心形,长、宽均 5～10 cm,常有 5 个角或稀近 5 中裂,两面分布颗粒状小凸点;卷须纤细,无毛,不分歧(图 27.3)。

图 27.3 红瓜叶(①②付卫东 摄,③④张国良 摄)

刺芹 28

【入侵时间】19世纪末从中南半岛传入中国,1897年首次在云南采集到该物种标本。

【入侵生境】喜疏松、湿润土壤,常生长于路旁、丘陵、山地林下、沟渠边、果园或住宅旁等生境。

【形态特征】二年生或多年生草本植物,植株高10～50 cm。

根 主根纺锤形(图28.2)。

图28.2 刺芹根(付卫东 摄)

28 刺芹

茎 茎直立,粗壮,无毛,有数条槽纹(图28.3)。

图28.3 刺芹茎(付卫东 摄)

刺芹 28

叶 基生叶披针形或倒披针形,不裂,革质,长 5~25 cm,宽 4~12 cm,顶端钝,基部渐窄有膜质叶鞘,边缘有骨质尖锐锯齿,近基部的锯齿狭窄呈刚毛状,两面无毛,叶柄短;茎生叶着生于每一叉状分枝的基部,对生,无叶柄,边缘有深锯齿,齿尖刺状,顶端不分裂或 3~5 深裂(图 28.4)。

图 28.4 刺芹叶(付卫东 摄)

28 刺芹

花 头状花序,着生于茎的分叉处及上部枝条的短枝上,圆柱形,无花序梗;总苞片 4～7,长 1.5～3.5 cm,宽 4～10 mm,叶状披针形,边缘有 1～3 刺状锯齿;小总苞片阔线形至披针形,长 1.5～1.8 mm,宽约 0.6 mm,边缘透明膜质;萼齿卵状披针形至卵状三角形,长 0.5～1.0 mm,顶端尖锐;花瓣与萼齿近等长,顶端内折,白色、淡黄色或草绿色;花柱直立或稍向外倾斜,略长于萼齿(图 28.5)。

图 28.5 刺芹花(付卫东 摄)

刺芹 28

果 果卵圆形或球形，长 1.1～1.3 mm，宽 1.2～1.3 mm，表面有瘤状凸起，果棱不明显。

刺芹和扁叶刺芹的形态特征比较表

特征	刺芹	扁叶刺芹
生活型	二年生或多年生草本植物	多年生草本植物
根	主根纺锤形	根粗厚，圆柱形，通常不分枝，表皮棕褐色
茎	茎草绿色，无毛，有数条槽纹	茎灰白色、淡紫灰色或淡紫色，基部常残留纤维状叶鞘；单生，坚硬，光滑，上部三歧或 1～4 叉状分枝，基部常残留枯死的叶或呈纤维状
叶	基生叶披针形或倒披针形，叶柄短；茎生叶着生于每一叉状分枝的基部，对生，无叶柄	基生叶长椭圆状卵形，长 5～8.5 cm，宽 2.5～5 cm，边缘有粗锯齿，齿端刺尖，基部心形至深心形，表面绿色，背面淡绿色，无毛，叶脉 7～9 条，掌状，两面隆起，叶柄长 6～11.5 cm；茎下部叶有短柄，与基生叶同形或有分裂；茎上部叶无柄，浅裂至 3～5 深裂，裂片披针形，边缘疏生 1～4 刺状齿，表面及边缘略带浅蓝色

28 刺芹

续表

特征	刺芹	扁叶刺芹
花	圆柱形头状花序,总苞片叶状披针形;小总苞片阔线形至披针形;萼齿卵状披针形至卵状三角形;花瓣倒披针形至倒卵形	头状花序着生于每一分枝的顶端,圆卵形、阔卵形或半球形,长8～15 mm,宽7～13 mm;总苞片5～6,线形或披针形,中间有1条明显的脉,边缘疏生1～2刺毛,顶端尖锐;小总苞片线形或钻形;花浅蓝色;萼齿卵形,长2～2.3 mm(包括芒长),宽1～1.2 mm,花瓣与萼片互生,膜质透明,长1.8～2 mm,宽不到1 mm,向内弯曲,在弯曲处两侧呈耳形并有不明显的睫毛;雄蕊长约1 mm,宽0.5 mm,花丝上部近1/3处扭曲
果	果卵圆形或球形,表面有瘤状凸起,果棱不明显	果长椭圆形、卵形或近圆形,长3～3.5 mm,直径1.5～1.8 mm,背腹扁,被白色窄长鳞片;无心皮柄

【主要危害】 入侵森林,为果园、桑园、茶园杂草,也发生于路旁和荒野,影响景观(图28.6)。

刺芹 28

图 28.6　刺芹危害（王忠辉 摄）

【控制措施】严禁作为观赏植物引种栽培，检验检疫部门应加强对货物、运输工具等携带刺芹籽实的监控。可以选择草甘膦、苯达松、乙氧氟草醚等除草剂防除。

29 细叶旱芹

【学名】细叶旱芹 *Cyclospermum leptophyllum* (Pers.) Sprague 伞形科 Apiaceae 芹属 *Cyclospermum*。

【别名】细叶芹、茴香芹。

【起源】欧洲。

【分布】中国分布于河北、山东、安徽、江苏、上海、浙江、福建、广东、广西、重庆及海南。

【入侵时间】20世纪初在中国香港发现。

【入侵生境】喜湿润、疏松土壤，常生长于田野、路旁、荒地、草坪、农田或园圃等生境。

【形态特征】一年生或二年生草本植物，植株高 30～45 cm（图 29.1）。

图 29.1 细叶旱芹植株（付卫东 摄）

细叶旱芹 29

根 有明显主根，有分叉，根系深扎，乳白色，细根多（图29.2）。

图29.2 细叶旱芹根（付卫东 摄）

29 细叶旱芹

茎 茎直立,多分枝,光滑(图29.3)。

图 29.3 细叶旱芹茎(付卫东 摄)

细叶旱芹 29

叶 基生叶有柄,叶柄长 3～5 cm,长圆状卵形,长 2.5～10 cm,宽 2～8 cm,三至四回羽状全裂,裂片线状至丝状,长 2～10 mm,宽 0.5～1 mm;茎生叶通常楔形,3 全裂或条裂(图 29.4)。

图 29.4 细叶旱芹叶(付卫东 摄)

29 细叶旱芹

花 复伞形花序,顶生或腋生,通常无梗或少有短梗,无总苞片和小总苞片;伞幅2～3(5),长1～2 cm,无毛;小伞形花序具花5～23朵,花柄不等长;无萼齿;花瓣白色、绿白色或略带粉红色,卵圆形,长约0.8 mm,宽0.6 mm,顶端内折,有1条中脉;花丝短于花瓣,很少与花瓣同长,花药近圆形,长约0.1 mm;花柱基部扁压,花柱极短(图29.5)。

图 29.5 细叶旱芹花(付卫东 摄)

细叶旱芹 29

果 果圆形、椭圆形或圆卵形,长、宽均 1.5～2 mm;分果具 5 棱,圆钝;胚乳腹面平直,每棱槽有 1 条油管,合生面有 2 条油管(图 29.6)。

图 29.6　细叶旱芹果(付卫东　摄)

29 细叶旱芹

【主要危害】为农田、草坪、园圃常见杂草,影响农作物正常生长,同时为多种病菌及害虫的寄主与传染源(图 29.7)。

图 29.7 细叶旱芹危害(付卫东 摄)

【控制措施】农作物种植前深翻土地;精选农作物种子;加强田间管理,及时中耕除草。可以选择氯氟吡氧乙酸、苯达松等除草剂防除。

30 野胡萝卜

【学名】野胡萝卜 *Daucus carota* L. 隶属伞形科 Apiaceae 胡萝卜属 *Daucus*（图 30.1）。

【别名】鹤虱草、假胡萝卜。

【起源】欧洲和亚洲东南部。

【分布】中国分布于黑龙江、吉林、辽宁、内蒙古、河北、北京、天津、山西、陕西、河南、山东、甘肃、宁

图 30.1　野胡萝卜植株（付卫东　摄）

30 野胡萝卜

夏、新疆、青海、江苏、上海、安徽、浙江、江西、湖北、湖南、福建、广东、重庆、四川、贵州、云南、广西及西藏。

【入侵时间】《救荒本草》(1536年)记载该植物野生种。1992年首次在河南采集到该物种标本。

【入侵生境】喜裸露、疏松土壤,常生长于荒地、路旁、山坡、果园或农田等生境。

【形态特征】二年生草本植物,植株高 15～120 cm。

根 圆锥状,有明显主根,有分枝;直根肉质,淡红色或近白色;侧根发达,细根多。

茎 茎单生,全体有白色粗硬毛(图30.2)。

图 30.2 野胡萝卜茎(①张国良 摄,②付卫东 摄)

野胡萝卜 30

叶 基生叶有长柄,长2～12 cm;长圆形,二至三回羽状全裂,小裂片线形或披针形,裂片长2～15 mm,宽0.8～4 mm,先端急尖,有小尖头,光滑或有糙硬毛;茎生叶近无柄,向上全部为鞘,末回裂片小或细长(图30.3)。

图30.3 野胡萝卜叶(付卫东 摄)

30 野胡萝卜

花 复伞形花序,花序梗长 10~55 cm,伞幅多数;总苞有多数苞片,向下反折,叶状,羽状分裂,具缘毛,裂片细长,线形,先端具长刺尖;小总苞片线形,不分裂或上部 3 裂,边缘白色,膜质,具缘毛;花梗多数,不等长;花瓣倒卵形,白色、黄色或淡紫色(图 30.4)。

图 30.4 野胡萝卜花(张国良 摄)

野胡萝卜 30

果 果实卵球形,长 3～4 mm,宽 2 mm;分果主棱 5 条,上有白刺毛,次棱 4 条,具翅,上有 1 行短钩(图 30.5)。

图 30.5　野胡萝卜果(张国良　摄)

30 野胡萝卜

【主要危害】为果园、桑园、茶园主要杂草之一；也广泛发生于路旁和荒野，密度很大，影响景观。具有化感作用，抑制生境中其他植物生长，影响生物多样性（图30.6）。

图 30.6　野胡萝卜危害（张国良 摄）

【控制措施】加强检疫。对于非耕地生境，可以选择草甘膦等除草剂防除；对于麦田生境，可以选择2甲4氯等除草剂防除。

31 长春花

【学名】长春花 Catharanthus roseus (L.) G. Don 隶属夹竹桃科 Apocynaceae 长春花属 Catharanthus。

【别名】雁来红、四时春、四季梅、五瓣梅等。

【起源】非洲东部马达加斯加。

【分布】中国分布于上海、江苏、安徽、浙江、福建、湖北、湖南、江西、广东、广西、海南、重庆、四川、贵州、云南、澳门及香港等地。

【入侵时间】中国最早记载于1661年引种到华南地区。1911年首次在中国香港采集到该物种标本。

【入侵生境】喜光，耐旱，怕涝、怕严寒，常生长于林边、路边、海滩、灌丛、草丛、荒坡或林下等生境。

【形态特征】多年生草本植物，植株高 30～70 cm（图 31.1）。

图 31.1 长春花植株
（付卫东 摄）

31 长春花

茎 直立,近方形,有条纹,灰绿色;幼枝绿色或红褐色;全株无毛(图31.2)。

图31.2 长春花茎(付卫东 摄)

长春花 31

叶 叶对生；倒卵状矩圆形，长 3～4 cm，宽 1.5～2.5 cm，顶端钝圆，全缘或微波状；叶脉在叶面扁平，在背面隆起，基部渐狭成短柄（图 31.3）。

图 31.3　长春花叶（付卫东　摄）

31 长春花

花 聚伞形花序,腋生或顶生,具花 2~3 朵;花冠粉红色、白色或黄色,高脚碟状;裂片 5,向左覆盖;雄蕊 5,着生于花冠筒的中部之上;花盘由 2 片舌状腺体组成,与心皮互生而比其长;子房由 2 个离生心皮组成,花柱线状,柱头头状(图 31.4)。

图 31.4　长春花花(①②付卫东　摄,③王忠辉　摄)

长春花 31

果 蓇葖果2个，直立，长约2.5 cm，直径3 mm，被柔毛；种子黑色，长圆状圆筒形，具颗粒状小瘤。

【主要危害】 种群数量大，繁殖量大，能形成高密度的植株丛成片生长，根除难度大，排挤其他植物，影响生物多样性。若入侵农田，会造成农作物减产。植株有毒，折断茎、叶流出的乳白色汁液含有有毒生物碱，具有神经毒性，牲畜误食后患低血压、贫血，甚至死亡（图31.5）。

图31.5 长春花危害（付卫东 摄）

【控制措施】 加强管理。对野外逸生种群应加以控制，防止扩散蔓延，在果实成熟前将其连根拔除。

32 马利筋

【学名】马利筋 Asclepias curassavica L. 隶属萝藦科 Asclepiadaceae 马利筋属 Asclepias。

【别名】莲生桂子花、金凤花、芳草花、水羊角等。

【起源】美洲热带地区。

【分布】中国分布于上海、江苏、安徽、浙江、福建、湖北、湖南、江西、广东、广西、四川、贵州、云南及台湾等地。

【入侵时间】《植物名实图考》(1848年)记载称为"莲生桂子花"。1928年5月首次在广州白云山采集到该物种标本。

【入侵生境】喜向阳、通风、温暖、干燥环境,常生长于农田、路边或荒地等生境。

【形态特征】多年生灌木状草本植物,植株高60~100 cm(图32.1)。

图 32.1 马利筋植株
(张国良 摄)

马利筋 32

茎 茎直立,无毛,全株有白色汁液(图32.2)。

图 32.2 马利筋茎(付卫东 摄)

32 马利筋

叶 单叶对生;披针形至椭圆状披针形,长 6～13 cm,宽 1～3.5 cm,顶端短渐尖,基部楔形而下延至叶柄,全缘,侧脉每边约 8 条;叶柄长 5～10 mm(图 32.3)。

图 32.3 马利筋叶(付卫东 摄)

马利筋 32

花 聚伞花序，顶生或腋生，具花 10～20 朵；花萼裂片披针形，被柔毛；花冠裂片 5，紫红色，矩圆形，反折；副花冠着生于合蕊冠上，5 裂，黄色，匙形；雄蕊 5，花丝联合呈管状，花粉块长圆形，下垂，着粉腺，紫红色，花药 2 室；雌蕊黄绿色，由 2 枚离生心皮组成，藏于合蕊内（图 32.4）。

图 32.4 马利筋花（付卫东 摄）

果 蓇葖果披针形，两端渐尖，长 6～10 mm，直径 1～1.5 mm，腹部线裂开；种子平近椭圆形，顶端具 1 束白绢质长达 2.5 mm 的种毛。

32 马利筋

【主要危害】 一般杂草,排挤本地植物,影响生物多样性。全株有毒,误食后会对人类和牲畜造成伤害(图32.5)。

图 32.5　马利筋危害(张国良　摄)

【控制措施】 加强引种管理,防止扩散蔓延。在种子成熟前人工清除。

33 光叶丰花草

【学名】光叶丰花草 *Spermacoce remota* Lam. 隶属茜草科 Rubiacea 丰花草属 *Spermacoce*。

【别名】耳草。

【起源】南美洲热带地区。

【分布】中国分布于福建、广东、广西、海南、重庆、云南及台湾。

【入侵时间】1987 年首次在中国台湾发现，2017 年首次在海南五指山采集到该物种标本。

【入侵生境】喜湿润土壤，常生长于农田、果园、湿地或草坪等生境。

【形态特征】多年生草本植物，植株高 30～65 cm（图 33.1）。

图 33.1 光叶丰花草植株（王忠辉 摄）

33 光叶丰花草

茎 茎直立,近圆形至方形,具槽或棱,无毛或棱上具短缘毛(图33.2)。

图 33.2 光叶丰花草茎(王忠辉 摄)

光叶丰花草 33

叶 叶柄无至具长约 3 mm 的短柄,几无毛;叶片干纸质,狭椭圆形或披针形,长 10～45 mm,宽 4～16 mm,被微柔毛,后脱落,基部楔形,先端锐尖;侧脉 2 对或 3 对;托叶被微柔毛或具微粗糙硬毛至脱落无毛,叶鞘长 1～3 mm,具 5～7 条长 0.5～2 mm 的刺毛(图 33.3)。

图 33.3 光叶丰花草叶(王忠辉 摄)

33 光叶丰花草

花 花序顶生或着生于上部叶腋，近球形，直径5～12 mm，多花；苞片多数，丝状，宽0.5～1 mm；花萼被微柔毛或微糙硬毛或近无毛；萼筒部倒卵球形，长约0.5 mm；裂片4，狭三角形至线形，长0.8～1 mm；花冠白色，漏斗状，裂片外面无毛或被微柔毛；花冠筒长0.5～1.5 mm，喉部有短柔毛；裂片三角形，长1～1.5 mm（图33.4）。

图33.4 光叶丰花草花（张国良 摄）

光叶丰花草 33

果 蒴果椭圆形，长1.8～2 mm，宽1～1.2 mm，具微糙硬毛或柔毛，纸质，成熟时从顶部室间开裂；种子棕黄色，椭圆形，长1.5～1.8 mm，宽0.8～1 mm，两端钝，具发亮横向皱纹及不规则深槽（图33.5）。

图33.5 光叶丰花草果（张国良 摄）

【主要危害】为农田、花圃和草坪杂草，危害水稻、玉米、果树等，影响农作物产量；是线虫的中间寄主；对生态环境造成危害，降低生物多样性（图33.6）。

33 光叶丰花草

光叶丰花草 33

图 33.6 光叶丰花草危害(王忠辉 摄)

【控制措施】加强管理,防止扩散。人工拔除。可以选择2甲4氯、氯氟吡氧乙酸等除草剂防除。

34 盖裂果

【学名】盖裂果 *Mitracarpus hirtus*(L.)DC.隶属茜草科 Rubiaceae 盖裂果属 *Mitracarpus*(图 34.1)。

【起源】南美洲安第斯山脉。

【分布】中国分布于北京、河北、江西、福建、广东、海南、广西、云南及香港。

图 34.1 盖裂果植株(王忠辉 摄)

盖裂果 34

【入侵时间】1980年在海南万宁发现,1990年首次在广东采集到该物种标本。

【入侵生境】常生长于公路、荒地、农田或草坪等生境。

【形态特征】一年生草本植物,植株高 40～80 cm。

茎 直立,分枝,下部近圆柱形,上部微具棱,被疏粗毛(图34.2)。

图34.2 盖裂果茎(王忠辉 摄)

34 盖裂果

叶 叶无柄,长圆形或披针形,长 30～45 mm,宽 7～15 mm,顶端短尖,基部渐狭,上面粗糙或被极疏短毛,下面被毛稍密和略长,边缘粗糙;叶脉纤细而不明显;托叶鞘形,顶端刚毛状,裂片长短不齐(图 34.3)。

图 34.3　盖裂果叶(王忠辉　摄)

盖裂果 34

🌼 花细小,簇生于叶腋,有线形与萼近等长的小苞片;萼管近球形,萼檐裂片长的长 1.8～2 mm,短的长 0.8～1.2 mm,具缘毛;花冠漏斗形,长 2～2.2 mm,管内和喉部均无毛,裂片三角形,长为冠管长的 1/3,顶端钝尖;子房 2 室,花柱异形,不明显(图 34.4)。

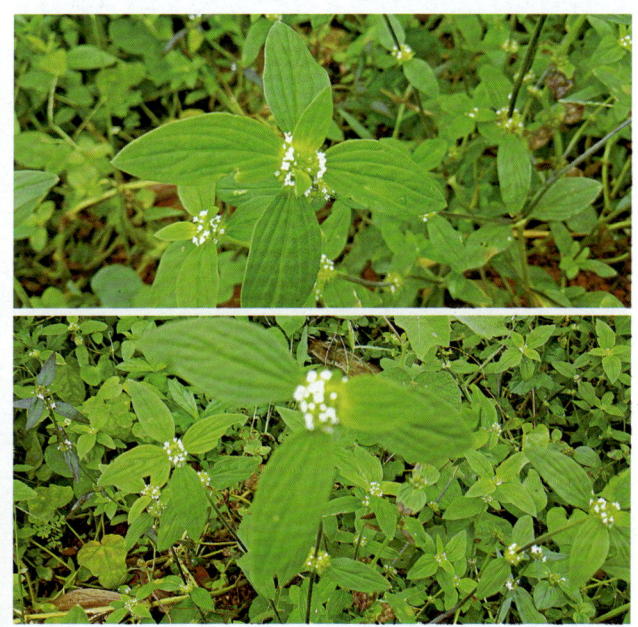

图 34.4 盖裂果花(王忠辉 摄)

34 盖裂果

果 果近球形,直径约 1 mm,表皮粗糙或被疏短毛;种子深褐色,近长圆形(图 34.5)。

图 34.5　盖裂果果(王忠辉　摄)

【主要危害】偶见杂草,可入侵旱作物田、草坪,危害轻微(图 34.6)。

图 34.6　盖裂果危害(王忠辉　摄)

【控制措施】加强在已分布区的监控,防止进一步扩散蔓延。

35 假连翘

【学名】假连翘 *Duranta erecta* L. 隶属马鞭草科 Verbenaceae 假连翘属 *Duranta*。

【别名】番仔刺、篱笆树、洋刺、花墙刺等。

【起源】美洲热带地区。

【分布】中国分布于山西、福建、广东、广西、海南、四川、云南及台湾等地。

【入侵时间】明末由西班牙人引种到中国台湾,1928 年首次在四川采集到该物种标本。

【入侵生境】喜温暖、湿润气候,抗寒力弱,常生长于果园、农田、路边、绿化带、荒地或林地等生境。

【形态特征】多年生灌木,植株高 1.5～3 m(图 35.1)。

图 35.1 假连翘植株
(付卫东 摄)

35 假连翘

茎 枝条常下垂,有刺或无刺,幼枝有柔毛(图35.2)。

图 35.2 假连翘茎(①②王忠辉 摄,③付卫东 摄)

假连翘 35

叶 单叶对生；叶柄长约 1 cm，有柔毛；叶片纸质，卵状椭圆形、倒卵形或卵状披针形，长 2～6.5 cm，宽 1.5～3.5 cm，基部楔形，中部以上有锯齿，先端短尖或钝，有柔毛（图 35.3）。

图 35.3 假连翘叶（王忠辉 摄）

35 假连翘

🌼 总状花序,顶生或腋生,常排列成圆锥状;花萼管状,有毛,长约 5 mm,具 5 裂,先端 5 棱;花冠蓝色或蓝紫色,长约 8 mm,先端 5 裂,裂片平展,内外有微毛;花柱短于花冠管,子房无毛(图 35.4)。

图 35.4 假连翘花(付卫东 摄)

🍒 核果球形,直径约 5 mm,熟时红黄色,有光泽,完全包于扩大的宿萼内(图 35.5)。

假连翘 35

图 35.5 假连翘果（付卫东 摄）

【主要危害】环境杂草，可入侵花园、果园、森林以及农田，具有一定的入侵性（图 35.6）。

图 35.6 假连翘危害（王忠辉 摄）

【控制措施】在结果前人工清除，防止种子散落。

36 蔓马缨丹

【学名】蔓马缨丹 Lantana montevidensis Briq. 隶属马鞭草科 Verbenaceae 马缨丹属 Lantana（图 36.1）。
【别名】紫花马缨丹、紫花马樱丹。
【起源】南美洲热带地区。
【分布】中国分布于福建、江西、广东、广西、海南、香港、澳门及台湾等地。

图 36.1 蔓马缨丹植株（付卫东 摄）

蔓马缨丹 36

【入侵时间】1928 年引种到中国台湾，1922 年首次在广东广州采集到该物种标本。

【入侵生境】喜向阳环境，喜温暖、少水土壤，常生长于农田、绿化带、路边或荒地等生境。

【形态特征】多年生常绿灌木，植株长可达 1.4 m。

茎 茎蔓生，常铺地，多分枝；嫩枝略呈四棱柱形；老枝圆柱形，疏被短硬毛并有褐色腺体，无刺（图 36.2）。

图 36.2 蔓马缨丹茎（①付卫东 摄，②③王忠辉 摄）

36 蔓马缨丹

叶 叶对生；纸质，卵形至长圆形，长1.5～3.5 cm，宽0.7～2 cm，先端急尖或渐尖，基部楔形并收窄成3～5 mm长的短柄，叶缘有钝锯齿，上面粗糙，被短柔毛，下面沿脉密被硬毛及褐色腺体，侧脉每边4～5条（图36.3）。

图36.3 蔓马缨丹叶（付卫东 摄）

蔓马缨丹 36

花 穗状花序，短缩呈头状，腋生，总花序梗长9 cm；苞片宽卵形，长不超过花冠中部；花萼管状，长约1 mm；花冠管细，长1~1.2 cm，向上略开展；花冠4~5裂，裂片阔短，先端钝或微凹，紫红色，喉部具黄色或白色环纹（图36.4）。

图36.4 蔓马缨丹花（付卫东 摄）

36 蔓马缨丹

果 核果球形，成熟时紫黑色，直径约 4 mm，内质，光滑，少见结果。

【主要危害】 危害园林绿地景观，降低生物多样性。全株有毒，误食后引起中毒甚至死亡（图 36.5）。

图 36.5 蔓马缨丹危害（①付卫东 摄，②王忠辉 摄）

【控制措施】 加强引种管理。对逸生种群，开花前连根拔除。

37 留兰香

【学名】留兰香 *Mentha spicata* L. 隶属唇形科 Labiatae 留兰香属 *Mentha*。

【别名】绿薄荷、香薄荷、荷兰薄荷、青薄荷、鱼香菜等。

【起源】欧洲。

【分布】中国分布于北京、天津、黑龙江、河北、上海、江苏、浙江、湖北、湖南、江西、广东、广西、海南、重庆、四川、贵州、云南、西藏、陕西及新疆等地。

【入侵时间】1936年首次在贵州采集到该物种标本。

【入侵生境】喜光,喜湿润,适宜弱酸性土壤,常生长于菜地、路边、荒地或沟渠边等生境。

【形态特征】多年生草本植物,植株高40～130 cm(图37.1)。

37 留兰香

图 37.1 留兰香植株(付卫东 摄)

留兰香 37

茎 茎直立,无毛或近无毛,具匍匐茎;绿色,钝四棱形,具槽及条纹;不育枝仅贴地生(图37.2)。

图 37.2 留兰香茎(付卫东 摄)

37 留兰香

叶 叶柄无或近无;叶片卵状长圆形或长圆状披针形,长3~7 cm,宽1~2 cm,先端尖,基部宽楔形或圆形,边缘具不规则尖锯齿,草质,上面绿色,背面灰绿色,两面无毛或近无毛(图37.3)。

图37.3 留兰香叶(付卫东 摄)

留兰香 37

花 轮伞花序，密集成圆柱形顶生穗状花序；小苞片线形，长 5～8 mm；花梗长约 2 mm；花萼钟形，长约 2 mm，无毛，被腺点，5 脉不明显，萼齿三角状披针形，长约 1 mm；花冠淡紫色，长约 4 mm，两面无毛，花冠筒长约 2 mm，裂片近等大，上裂片先端微缺；子房褐色，无毛（图 37.4）。

图 37.4　留兰香花（付卫东　摄）

37 留兰香

果 小坚果卵形,黑色,有微柔毛。

【**主要危害**】具匍匐茎,能排挤本地植物,影响生物多样性(图37.5)。

图37.5 留兰香危害(付卫东 摄)

【**控制措施**】加强栽培管理,减少逸生扩散。野外发现应连根铲除。

38 曼陀罗

【学名】曼陀罗 *Datura stramonium* L. 隶属茄科 Solanaceae 曼陀罗属 *Datura*。

【别名】紫花曼陀罗、欧曼陀罗。

【起源】墨西哥。

【分布】中国分布于北京、天津、河北、黑龙江、吉林、辽宁、内蒙古、山西、上海、江苏、安徽、浙江、福建、山东、河南、湖北、湖南、江西、广东、广西、海南、重庆、四川、贵州、云南、西藏、陕西、甘肃、青海、新疆、香港、澳门及台湾等地。

【入侵时间】《本草纲目》(1578年)有记载。1916年首次在山东泰山采集到该物种标本。

【入侵生境】喜肥沃、疏松土壤,常生长于路边、住宅旁、荒地或草地等生境。

【形态特征】一年生半灌木状草本植物,植株高 0.5~1.5 m(图 38.1)。

38 曼陀罗

图 38.1 曼陀罗植株（付卫东 摄）

曼陀罗 38

根 主根不明显,侧根发达,细根多。
茎 茎粗壮,圆柱状,淡绿色或黛紫色,下部木质化(图 38.2)。

图 38.2 曼陀罗茎(付卫东 摄)

38 曼陀罗

叶 叶片广卵形,顶端渐尖,基部不对称楔形,边缘具不规则浅裂,侧脉直达裂片顶端(图38.3)。

图 38.3 曼陀罗叶(付卫东 摄)

曼陀罗 38

花 花着生于枝杈间或叶腋，直立，有短梗；花萼筒状，筒部具5棱；花冠漏斗状，下部淡绿色，上部白色或淡紫色，檐部5浅裂，裂片有短尖头；雄蕊不伸出花冠；子房密生柔针毛（图38.4）。

图 38.4 曼陀罗花（付卫东 摄）

38 曼陀罗

果 蒴果圆球形或扁球形，直径约 3 cm，表面生有坚硬针刺或有时无刺而近平滑，成熟后淡黄色，规则 4 瓣裂；种子卵圆形，稍扁，黑色（图 38.5）。

图 38.5 曼陀罗果（①付卫东 摄，②王忠辉 摄）

曼陀罗 38

【主要危害】为旱地、住宅旁主要杂草之一，影响景观，对牲畜有毒（图38.6）。

图38.6 曼陀罗危害（王忠辉 摄）

【控制措施】加强引种管理，严禁作为观赏植物引种。若发现野外逸生植株，在苗期或果期前拔除。可以选择草甘膦等除草剂防除。

39 洋金花

【学名】洋金花 *Datura metel* L. 隶属茄科 Solanaceae 曼陀罗属 *Datura*（图 39.1）。

【别名】白花曼陀罗、白曼陀罗。

【起源】印度。

【分布】中国分布于北京、天津、河北、黑龙江、吉林、辽宁、山西、上海、江苏、安徽、浙江、山东、河南、湖北、湖南、江西、广东、广西、海南、重庆、四川、贵州、云南、西藏、陕西、甘肃、青海、新疆、香港及澳门等地。

【入侵时间】1896 年在中国台湾有记录。1928 年首次在广西采集到该物种

图 39.1 洋金花植株（付卫东 摄）

洋金花 39

标本。

【入侵生境】喜肥沃、疏松土壤，常生长于路边、住宅旁、荒地或山坡草地等生境。

【形态特征】一年生半灌木状草本植物，植株高 0.5～1.5 m。

【根】主根不明显，侧根发达，细根多。

【茎】茎直立，圆柱形，茎基部稍木质化，全体近无毛（图 39.2）。

图 39.2 洋金花茎（①王忠辉 摄，②付卫东 摄）

39 洋金花

叶 叶片卵形或广卵形,顶端渐尖,基部不对称圆形、截形或楔形,长 5~20 cm,宽 4~15 cm,边缘有不规则的短齿或浅裂或全缘而波状,侧脉每边 4~6 条(图 39.3)。

图 39.3 洋金花叶(王忠辉 摄)

洋金花 39

花 花单生于枝杈间或叶腋；花萼筒状，果时宿存部分增大呈浅盘状；花冠长漏斗状，长 14～17 cm，裂片顶端有小尖头，白色，单瓣，在栽培类型中有 2 重瓣或 3 重瓣；雄蕊 5，在重瓣类型中常变态成 15 枚左右；子房疏生短刺毛（图 39.4）。

图 39.4 洋金花花（①②付卫东 摄，③王忠辉 摄）

39 洋金花

果 蒴果斜生至横向生,近球状或扁球状,疏生粗短刺,直径约 3 cm,不规则 4 瓣裂;种子淡褐色(图 39.5)。

图 39.5 洋金花果(王忠辉 摄)

洋金花 39

【主要危害】常见杂草,已形成优势种群,排挤本地植物,影响生物多样性(图39.6)。

图39.6 洋金花危害(王忠辉 摄)

【控制措施】加强引种管理,严禁作为观赏植物引种。若发现野外逸生植株,在苗期或果期前人工拔除。

40 婆婆纳

【学名】婆婆纳 *Veronica polita* Fries. 隶属玄参科 Scrophulariaceae 婆婆纳属 *Veronica*（图40.1）。
【别名】双肾草。
【起源】亚洲西部。
【分布】中国分布于北京、河北、内蒙古、山西、上海、

图 40.1　婆婆纳植株（付卫东　摄）

婆婆纳 40

江苏、安徽、福建、浙江、山东、河南、湖北、湖南、江西、广东、广西、重庆、四川、贵州、云南、西藏、陕西、甘肃、青海、新疆及台湾。

【入侵时间】《救荒本草》(1406年)有记载。1907年首次在江苏南京采集到该物种标本。

【入侵生境】喜肥沃、湿润、深厚土壤,常生长于农田、菜园、果园、河边、荒地、林缘或路旁等生境。

【形态特征】一年生或二年生铺散多分枝草本植物,植株高 10～25 cm。

根 主根不明显,细根多(图40.2)。

图 40.2 婆婆纳根(付卫东 摄)

40 婆婆纳

茎 自基部多分枝成丛,纤细,下部伏生地面,伏卧或斜上,多少被柔毛(图40.3)。

图40.3　婆婆纳茎(付卫东　摄)

婆婆纳 40

叶 茎下部叶对生，上部叶互生；叶2～4对，叶柄长3～6 mm；叶片心形至卵形，长5～10 mm，宽6～7 mm，每边有2～4个深刻的钝锯齿，两面被白色长柔毛（图40.4）。

图 40.4 婆婆纳叶（付卫东 摄）

花 总状花序很长；苞片叶状，下部的对生或全部互生；花梗稍短于苞片；花萼裂片卵形，先端急尖，果期稍增大，三出脉，疏被短硬毛；花冠淡紫色、蓝色、粉色或白色，直径4～5 mm，裂片圆形或卵形；雄蕊短于花冠（图40.5）。

40 婆婆纳

图 40.5 婆婆纳花（付卫东 摄）

果 蒴果近肾形，稍扁，密被柔毛，略比萼短，宽大于长，凹口成直角，裂片顶端圆，宿存的花柱与凹口齐或略过；种子舟状深凹，背面有波状纵皱纹。

【主要危害】为田间常见杂草，婆婆纳有较强的化感作用，对其他植物有明显的抑制作用，严重危害小麦、大麦、蔬菜、果树等生长。

【控制措施】可以通过农作物适当密植、中耕除草、旱水轮作等农艺措施控制危害。可以选择氯氟吡氧酸、绿麦隆、苯磺隆、草甘膦等除草剂防除。

41 波斯婆婆纳

【学名】波斯婆婆纳 *Veronica persica* Poir. 隶属玄参科 Scrophulariaceae 婆婆纳属 *Veronica*（图 41.1）。

【别名】阿拉伯婆婆纳、肾子草。

【起源】欧洲、亚洲西部至伊朗。

【分布】中国分布于北京、河北、山西、上海、江苏、安徽、福建、浙江、山东、河南、湖北、湖南、江西、

图 41.1 波斯婆婆纳植株（付卫东 摄）

41 波斯婆婆纳

广东、广西、重庆、四川、贵州、云南、西藏、陕西、甘肃、青海及新疆。

【入侵时间】《江苏植物名录》(1923年)有记载。1906年首次在江苏采集到该物种标本。

【入侵生境】较喜旱，不耐湿，常生长于路边、荒地、住宅旁、苗圃、果园、菜地、林地或农田等生境。

【形态特征】一年生或二年生铺散多分枝草本植物，全株有柔毛，植株高 10～30 cm。

根 主根不明显，细根多；匍匐茎着地处产生不定根（图41.2）。

图 41.2　波斯婆婆纳根（付卫东　摄）

波斯婆婆纳 41

茎 自基部分枝，下部伏生地面，斜上（图41.3）。

图41.3 波斯婆婆纳茎（付卫东 摄）

叶 基部叶对生，2～4对，上部叶互生；叶片卵圆形或卵状长圆形，长6～20 mm，宽5～18 mm，边缘有钝锯齿，基部浅心形、平截或圆形，两面疏生柔毛；无柄或上部叶有柄（图41.4）。

图41.4 波斯婆婆纳叶（付卫东 摄）

41 波斯婆婆纳

花 花单生于苞腋,苞片呈叶状,花梗明显长于苞片,长 1.5～2.5 cm;花萼 4 深裂,长 6～8 mm,裂片狭卵形;花冠淡蓝色,有放射状深蓝色脉纹;雄蕊 2(图 41.5)。

图 41.5 波斯婆婆纳花(付卫东 摄)

波斯婆婆纳 41

果 蒴果2深裂，倒扁心形，宽大于长，有网纹，2裂片叉开90°以上，裂片顶端钝尖，宿存花柱超出凹口很多；种子舟形或长圆形，腹面凹入，有皱纹。

婆婆纳、波斯婆婆纳和睫毛婆婆纳的形态特征比较表

特征	婆婆纳	波斯婆婆纳	睫毛婆婆纳
生物型	一年生或二年生草本植物	一年生或二年生草本植物	一年生或越年生草本植物
根	主根不明显，细根多	匍匐茎着地处产生不定根	主根不明显，细根多
茎	自基部多分枝成丛，多少被柔毛	自基部分枝，斜上	自基部分枝成丛，下部伏生地面，上部斜向上生长，全株被多节长柔毛
叶	茎下部叶对生，上部叶互生；叶片心形至卵形，两面被白色长柔毛	基部叶对生，上部叶互生；叶片卵圆形或卵状长圆形，两面疏生柔毛；无柄或上部叶有柄	基部或下部叶对生，上部叶互生；叶片宽心形或扁卵形，先端钝圆或微凸，基部宽楔形、浅心形或截形，边缘有粗钝锯齿，两面疏生柔毛，基部叶有柄，上部叶无柄
花	总状花序很长；苞片叶状；花萼裂片卵形，疏被短硬毛；花冠淡紫色、蓝色、粉色或白色	花单生于苞腋；花萼裂片狭卵形；花冠淡蓝色，有放射状深蓝色脉纹	花单生于叶状苞片的叶腋间，苞片互生，与叶同形；花梗长于或等长于苞片；花萼4深裂，裂片膜质，卵形或卵状三角形，具多节长睫毛；花冠青紫色；雄蕊2，短于花冠

农业主要外来入侵植物图谱（第三辑） 239

41 波斯婆婆纳

续表

特征	婆婆纳	波斯婆婆纳	睫毛婆婆纳
果	蒴果近肾形，稍扁，密被柔毛；种子舟状深凹	蒴果2深裂，倒扁心形；种子舟形或长圆形	蒴果扁球形，无毛；种子长圆形，黑褐色，背面圆，表面有横皱纹，腹面凹入

【主要危害】 繁殖力强，具有化感作用，对其他植物的生长有抑制作用，在竞争中处于优势地位，影响其他植物生长，严重影响生物多样性及农作物产量；同时也是黄瓜花叶病毒、李痘病毒、蚜虫等多种病虫的中间寄主，菠菜、甜菜、大麦等农作物根部的病原菌也寄生于该种植物（图41.6）。

波斯婆婆纳 41

图41.6 波斯婆婆纳危害（付卫东 摄）

【**控制措施**】可以通过农作物适当密植、中耕除草、旱水轮作等农艺措施控制危害。可以选择绿麦隆、2甲4氯、氯氟吡氧酸、草甘膦等除草剂防除。

42 北美车前

【学名】北美车前 *Plantago virginica* L. 隶属车前科 Plantaginaceae 车前属 *Plantago*（图 42.1）。
【别名】毛车前。
【起源】美国东南部。
【分布】中国分布于河南、江苏、安徽、上海、浙江、

图 42.1　北美车前植株（付卫东　摄）

北美车前 42

广西、江西、福建、湖北、湖南、重庆、四川及台湾。

【入侵时间】1934年首次在四川采集到该物种标本。

【入侵生境】喜湿润环境,对极端土壤环境有较高的适应性,常生长于低海拔草地、路边、住宅旁、疏林、果园、菜地、弃耕地、夏收作物田或湖畔等生境。

【形态特征】一年生或二年生草本植物。

根 具明显圆柱形直根和许多纤细须根(图42.2)。

图42.2 北美车前根(付卫东 摄)

42 北美车前

茎 根状茎短(图42.3)。

图42.3 北美车前茎(付卫东 摄)

北美车前 42

叶 叶基生呈莲座状,直立或平展;叶片长椭圆形至倒披针形,长 6~15 cm,宽 2~4 cm,顶端圆钝或急尖,基部楔形,渐狭成柄,边缘疏生浅齿,两面密被白色长柔毛,弧状脉 3~5 条;叶柄长 1~6 cm,基部鞘状,密被长柔毛(图 42.4)。

图 42.4 北美车前叶(付卫东 摄)

花 花葶 3~20 枚,直立或呈弧状,长 20~50 cm,密被白色长柔毛;穗状花序为花葶的 1/3~1/2,上部花密,下部花较疏;苞片狭三角形,内凹,长约 1.5 mm,果期增大,长达 3 mm,具绿色龙骨状突起,

42 北美车前

突起及边缘均具有白色长柔毛；花萼4裂，长1.5～2.5 mm，背面有龙骨状突起及长柔毛；花冠淡黄色，顶端4裂，裂片卵状披针形，长约2.5 mm，顶端锐尖，直立，不反折。

果 蒴果椭圆形，长2～3 mm，于基部上方周裂；内有种子2粒，椭圆形，棕黑色，表面有细密的网纹。

【主要危害】种子多，繁殖能力极强，蔓延迅速，常入侵和危害草坪，为果园、旱作物田及草坪杂草（图42.5）。

图42.5 北美车前危害（付卫东 摄）

【控制措施】加强检疫。可以选择甲黄隆、2甲4氯等除草剂防除。

43 长叶车前

【学名】长叶车前 Plantago lanceolata L. 隶属车前科 Plantaginaceae 车前属 Plantago。

【别名】窄叶车前、欧车前、披针叶车前。

【起源】欧洲。

【分布】中国分布于辽宁、北京、上海、江苏、安徽、浙江、山东、河南、湖北、云南及新疆等地。

【入侵时间】中国最早的长叶车前标本采集记录是 1901 年,之后陆续在辽宁、北京等有标本记录。

【入侵生境】喜干旱,对土壤条件要求不高,常生长于海滩、河滩、草原湿地、山坡多石处、砂质地或路边荒地等生境。

【形态特征】一年生草本植物(图 43.1)。

图 43.1 长叶车前植株
(付卫东 摄)

43 长叶车前

根 直根粗长(图 43.2)。

图 43.2 长叶车前根(付卫东 摄)

长叶车前 43

茎 根状茎粗短,不分枝或分枝(图43.3)。

图 43.3　长叶车前茎(付卫东 摄)

43 长叶车前

叶 叶基生呈莲座状,无毛或散生柔毛;叶片纸质,线状披针形、披针形或椭圆状披针形,长6~20 cm,宽0.5~4.5 cm,先端渐尖或急尖,边缘全缘或具极疏的小齿,基部窄楔形,下延,叶脉(3)5(7)条;叶柄细,长2~10 cm,基部略扩大呈鞘状,有长柔毛(图43.4)。

图43.4 长叶车前叶(付卫东 摄)

长叶车前 43

花 穗状花序3~15个;花序梗直立或弓曲上升,长10~60 cm,有明显的纵沟槽,棱上多少贴生柔毛;穗状花序幼时通常呈圆锥状卵圆形,成长后变短圆柱头状或头状,长1~5(8) cm,紧密;苞片卵形或椭圆形,长2.5~5 mm,先端膜质,密被长粗毛;花萼4裂,长2~3.5 mm,背面常有长粗毛;花冠白色,无毛,冠筒约与萼片等长或稍长,干后淡褐色,花后反折;雄蕊着生于花冠筒内面中部,与花柱外伸,花药椭圆形,长2.5~3 mm,先端有卵状三角形小尖头,白色或淡黄色;胚珠2~3。

果 蒴果狭卵球形,长3~4 mm,于基部上方周裂,具种子1~2粒;种子狭椭圆形至长卵形,长2~2.6 mm,淡褐色至黑褐色,有光泽,腹面内凹成舟形。

长叶车前、北美车前和车前的形态特征比较表

特征	长叶车前	北美车前	车前
生物型	一年生草本植物	一年生或二年生草本植物	二年生或多年生草本植物
根	直根粗长	圆柱形直根和许多纤细须根	须根多数
茎	根状茎粗短,不分枝或分枝	根状茎短	根状茎短,稍粗

43 长叶车前

续表

特征	长叶车前	北美车前	车前
叶	叶无毛或散生柔毛；叶片纸质，线状披针形、披针形或椭圆状披针形；叶柄细，基部略扩大呈鞘状，有长柔毛	叶直立或平展；叶片长椭圆形至倒披针形，渐狭成柄，边缘疏生浅齿，两面密被白色长柔毛；叶柄基部鞘状，密被长柔毛	叶片薄纸质或纸质，宽卵形或宽椭圆形，先端钝圆或急尖，基部宽楔形或近圆，多少下延，边缘波状、全缘或中部以下具齿
花	穗状花序；花序梗具纵沟槽，贴生柔毛；苞片卵形或椭圆形；花萼4裂，背面常有长粗毛；花冠白色，无毛	花葶密被白色长柔毛；穗状花序为花葶的 1/3～1/2；苞片狭三角形，具绿色龙骨状突起，突起及边缘均具白色长柔毛；花萼4裂，背面有龙骨状突起及长柔毛；花冠淡黄色	穗状花序3～10个，细圆柱状，紧密或稀疏，下部常间断；花冠白色，花冠筒与萼片近等长；雄蕊与花柱明显外伸，花药白色
果	蒴果狭卵球形；种子狭椭圆形至长卵形，淡褐色至黑褐色	蒴果椭圆形；种子椭圆形，棕黑色，表面有细密的网纹	蒴果纺锤状卵形、卵球形或圆锥状卵形，长3～4.5 mm，于基部上方周裂；种子5～6（12）粒，卵状椭圆形或椭圆形，长（1.2）1.5～2 mm，具角，背腹面微隆起；子叶背腹排列

长叶车前 43

【主要危害】 一般杂草,部分农田常见,但数量不多,危害不重(图 43.5)。

图 43.5　长叶车前危害(付卫东 摄)

【控制措施】 加强检疫。精选草坪草种。发生在草地、草坪生境,可以选择 2 甲 4 氯、氯氟吡氧乙酸等除草剂防除;发生在荒地生境,可以选择草甘膦、草丁膦等灭生性除草剂防除。

44 婆婆针

【学名】婆婆针 *Bidens bipinnata* L. 隶属菊科 Asteraceae 鬼针草属 *Bidens*（图 44.1）。

【别名】鬼针草、鬼碱草、刺针草、钢叉草等。

【起源】美洲。

【分布】中国分布于北京、天津、河北、辽宁、吉林、内蒙古、上海、江苏、安徽、浙江、福建、山东、湖

图 44.1　婆婆针植株（王忠辉　摄）

婆婆针 44

北、湖南、江西、广东、广西、重庆、四川、贵州、云南、陕西、甘肃及台湾等地。

【入侵时间】1861年在中国香港有文献记载。1904年首次在云南采集到该物种标本。

【入侵生境】喜湿润环境,常生长于海拔1 800 m或3 000 m以下的农田、林地、路边、废弃地、荒地或山坡等生境。

【形态特征】一年生草本植物,植株高30～120 cm。

根 粗壮,具分枝(图44.2)。

图44.2 婆婆针根(王忠辉 摄)

44 婆婆针

茎 茎直立,下部略具4棱,无毛或上部被稀疏柔毛,基部直径2~7 mm(图44.3)。

图44.3 婆婆针茎(王忠辉 摄)

婆婆针 44

叶 叶对生；具叶柄，长 2～6 cm，背面微凸或扁平，腹面沟槽，槽内及边缘具疏柔毛；叶片长 5～14 cm，二至三回羽状分裂，第一回分裂深达中肋，裂片再次羽状分裂，小裂片三角状或菱状披针形，具 1～2 对缺刻或深裂，顶生裂片狭，先端渐尖，边缘有稀疏且规整的粗齿，两面均被柔毛（图 44.4）。

图 44.4　婆婆针叶（王忠辉　摄）

44 婆婆针

花 头状花序,直径 0.6～1 cm,花序梗长 1～5 cm(结果时长 2～10 cm);总苞杯形,外层总苞片 5～7,条形,开花时长 2.5 mm,结果时长 5 mm,草质,先端钝,被稍密短柔毛;内层苞片膜质,椭圆形,长 3.5～4 mm,花后伸长为狭披针形,结果时长 6～8 mm,背面褐色,被短柔毛,具黄色边缘;托片狭披针形,长约 5 mm,结果时长可达 12 mm;舌状花通常 1～3 朵,不育,舌片黄色,椭圆形或倒卵状披针形,长 4～5 mm,宽 2.5～3.2 mm,先端全缘或具 2～3 齿;管状花筒状,黄色,长约 4.5 mm,冠檐 5 齿裂(图 44.5)。

图 44.5 婆婆针花(王忠辉 摄)

婆婆针 44

果 瘦果条形，具 3～4 棱，长 12～18 mm，宽约 1 mm，具瘤状突起及小刚毛，顶端芒刺 3～4，稀 2，长 3～4 mm，具倒刺毛（图 44.6）。

图 44.6 婆婆针果（王忠辉 摄）

【主要危害】 在华中、华南为恶性杂草，入侵秋收旱作物田、果园等，危害农作物，影响农作物产量；常形成优势群落，排挤本地植物，降低当地生物多样性（图 44.7）。

44 婆婆针

图 44.7 婆婆针危害（王忠辉 摄）

【控制措施】在开花或种子成熟前，人工拔除，如入侵面积较大，可以采用机械深耕翻埋。可以选择草甘膦、草丁膦、2甲4氯、氯氟吡氧乙酸等除草剂防除。

45 匙叶合冠鼠麴草

【学名】匙叶合冠鼠麴草 *Gamochaeta pensylvanica*（Willd.）Cabrera 隶属菊科 Asteraceae 鼠麴草属 *Gamochaeta*。

【别名】匙叶鼠麴草。

【起源】美洲。

【分布】中国分布于福建、浙江、江西、湖南、广东、广西、四川、贵州、云南、西藏及台湾等地。

【入侵时间】《香港植物志》（1861年）有记载。1921年首次在广东采集到该物种标本。

【入侵生境】喜光，耐贫瘠，常生长于农田、茶园、果园、草地、路边或荒地等生境。

【形态特征】一年生草本植物，植株高 10 ~ 50 cm（图45.1）。

图 45.1 匙叶合冠鼠麴草植株
（付卫东 摄）

45 匙叶合冠鼠麴草

茎 茎直立，常从基部分枝，少数单生，具浅灰色茸毛（图45.2）。

图 45.2 匙叶合冠鼠麴草茎（付卫东 摄）

匙叶合冠鼠麴草 45

叶 基生叶在花期凋落；茎生叶远离，向上叶片大小几乎不变，无叶柄，倒披针形或匙形，长 2.5～8 cm，宽 0.4～1.8 cm，背面灰绿色，被绵毛，上面淡绿色，无光泽，具松散的蛛丝状毛，全缘或微波状，先端圆形至圆钝，中脉细狭，不变白（图 45.3）。

图 45.3　匙叶合冠鼠麴草叶（①付卫东 摄，②张国良 摄）

45 匙叶合冠鼠麴草

花 头状花序，多数，簇生于叶腋，形成多少与叶（叶长 1.5～5.5 cm）相间的穗状花序；从基部开始的 2/3 部位密被绵毛，较低的枝条通常蔓延；外层总苞片卵状披针形或披针形，长 2～2.5 mm，先端较长且尖锐；内层总苞片长椭圆形，长约 3 mm，先端圆形至急尖；外部小花约 100 朵，花冠长约 2.25 mm；中央小花 2～3 朵，花冠长约 2.25 mm（图 45.4）。

图 45.4　匙叶合冠鼠麴草花（①付卫东 摄，②③张国良 摄）

匙叶合冠鼠麴草 45

果 瘦果椭圆形,褐色,长约 0.5 mm,其上具有腺点;冠毛污白色,长约 2.3 mm,基部联合成环,易脱落(图 45.5)。

图 45.5　匙叶合冠鼠麴草果(付卫东　摄)

【主要危害】 一般杂草,潜在扩散能力较强,存在于农田、草地和果园,与农作物争夺养分,滋生病虫害,危害夏收作物(麦类、油菜、马铃薯)、蔬菜、果树及茶树(图 45.6)。

45 匙叶合冠鼠麴草

图 45.6 匙叶合冠鼠麴草危害（付卫东 摄）

【控制措施】严格控制入侵种群的动态，发现野外种群及时采取清除措施。可以选择 2 甲 4 氯、灭草松、克阔乐等除草剂防除。

46 万寿菊

【学名】万寿菊 *Tagetes erecta* L. 隶属菊科 Asteraceae 万寿菊属 *Tagetes*（图 46.1）。
【别名】臭菊花、臭芙蓉等。
【起源】墨西哥。
【分布】中国分布于天津、河北、辽宁、山西、上海、

图 46.1　万寿菊植株（付卫东 摄）

46 万寿菊

江苏、安徽、浙江、山东、河南、湖北、湖南、广东、广西、海南、重庆、四川、贵州、云南、西藏、陕西、香港及澳门等地。

【入侵时间】《秘传花镜》（1688年）有记载。最早在云南发现归化种。

【入侵生境】常生长于路旁、花坛、住宅旁、绿化带或山坡草地等生境。

【形态特征】一年生草本植物，植株高 50～100 cm。

茎 茎直立，粗壮，具纵细条棱，分枝向上平展（图46.2）。

图 46.2　万寿菊茎（付卫东 摄）

万寿菊 46

叶 叶片羽状分裂，长 5～10 cm，宽 4～8 cm，裂片长椭圆形或披针形，边缘具锐锯齿；上部叶裂片的齿端有长细芒，沿叶缘有少数腺体（图 46.3）。

图 46.3　万寿菊叶（付卫东　摄）

46 万寿菊

花 总状花序，单生，直径 5～8 cm，花序顶端棍棒状膨大；总苞长 1.8～2 cm，宽 1～1.5 cm，杯状，顶端具齿尖；舌状花黄色或暗橙色，长 2.9 cm，舌片倒卵形，长约 1.4 cm，宽约 1.2 cm，基部收缩成长爪，顶端微弯缺；管状花花冠黄色，长约 9 mm，顶端 5 齿裂（图 46.4）。

图 46.4　万寿菊花（付卫东 摄）

万寿菊 46

果 瘦果线形,基部缩小,黑色或褐色,长8～11 mm,被短柔毛;冠毛有1～2枚长芒和2～3枚短而钝的鳞片。

【主要危害】杂草,入侵山坡草地,影响生物多样性和森林恢复。

【控制措施】不宜在道路两旁、山坡绿化中栽培,特别是长江流域及其以南地区要加以控制和监管。逸生种群应在开花、结实前拔除。

47 两色金鸡菊

【学名】两色金鸡菊 Coreopsis lanceolata L. 隶属菊科 Asteraceae 金鸡菊属 Coreopsis。

【别名】蛇目菊、雪菊。

【起源】北美洲。

【分布】中国分布于安徽、江苏、浙江、重庆、新疆等地。

【入侵时间】引种到华东地区而逸生,1901年首次在海南采集到该物种标本。

【入侵生境】喜松软、湿润土壤,常生长于路边、田间或田边等生境。

【形态特征】一年生或多年生草本植物,植株高30～100 cm(图47.1)。

图 47.1 两色金鸡菊植株
(付卫东 摄)

两色金鸡菊 47

茎 茎直立，无毛，上部有分枝（图47.2）。

图47.2 两色金鸡菊茎（付卫东 摄）

47 两色金鸡菊

叶 叶对生；下部叶和中部叶有长柄，二回羽状全裂，裂片线形或线状披针形，全缘；上部叶无柄或下延呈翅状，线形（图47.3）。

图 47.3 两色金鸡菊叶（付卫东 摄）

两色金鸡菊 47

花 头状花序,多数,直径 2~4 cm,有细长花序梗,排列成伞房或疏圆锥花序状;总苞半球形,总苞片外层较短,长约 3 mm,内层卵状长圆形,长 5~6 mm,顶端尖;舌状花黄色,舌片倒卵形,长 8~15 mm;管状花红褐色,狭钟形(图 47.4)。

图 47.4 两色金鸡菊花(付卫东 摄)

47 两色金鸡菊

【果】瘦果长圆形或纺锤形,长 2.5～3 mm,两面光滑或有瘤状突起,顶端有 2 细芒(图 47.5)。

图 47.5 两色金鸡菊果(付卫东 摄)

【主要危害】危害秋收作物和果树,有时也生长在路边。

【控制措施】控制引种,谨慎种植于路旁和开阔地。

48 互花米草

【学名】互花米草 Spartina alterniflora Lois. 隶属禾本科 Poaceae 米草属 Spartina。

【起源】美洲大西洋沿岸美国、加拿大、墨西哥、巴西等。

【分布】中国分布于辽宁、天津、山东、江苏、上海、浙江、福建、广东、广西及香港。

【入侵时间】1979 年 12 月从美国北卡罗莱纳州、佛罗里达州、佐治亚州 3 个州引种到中国，1980 年在福建罗源试种成功。

【入侵生境】常生长于河口、海湾等沿海滩涂的潮间带及受潮汐影响的河滩生境。

【形态特征】多年生高秆型草本植物，植株高 1～3 m（图 48.1）。

图 48.1 互花米草植株（付卫东 摄）

48 互花米草

根 具根状茎，根系发达，常密布于地下 30 cm 深的滩土内，有时可深达 50～100 cm（图 48.2）。

图 48.2　互花米草根（王忠辉　摄）

茎 茎秆坚韧，直立，直径 1 cm 以上；茎节具叶鞘，叶腋有腋芽（图 48.3）。

图 48.3　互花米草茎（付卫东　摄）

互花米草 48

叶 叶互生；呈长披针形，长可达 90 cm，宽 1.5～2 cm，具盐腺，根吸收的盐分大多数由盐腺排出体外，因而叶表面往往有白色粉状的盐霜出现（图 48.4）。

图 48.4　互花米草叶（付卫东 摄）

48 互花米草

花 圆锥花序，长 20～45 cm，具 10～20 个穗形总状花序，有 16～24 个小穗；小穗侧扁，长约 1 cm；两性花；子房平滑，柱头很长，呈白色羽毛状；雄蕊 3，花药成熟时纵向开裂，花粉黄色（图 48.5）。

图 48.5　互花米草花（付卫东 摄）

互花米草 48

果 颖果，长 0.8～1.5 cm；胚呈浅绿色或蜡黄色。

【主要危害】 破坏近海生活栖息环境；与海带、紫菜等争夺营养，使其产量逐年下降；堵塞航道，给海上渔业、运输业等带来不便；影响海水交换能力，导致水质下降，并且诱发赤潮；与沿海滩涂本地植物竞争生长空间，影响海岸生态系统，威胁本地生物多样性（图48.6）。

48 互花米草

图 48.6　互花米草危害（付卫东 摄）

【控制措施】严禁引种扩散。人工或机械清除，但效率低。除草剂通常只能清除地表以上部分，对于滩涂中的种子和根系效果较差。

49 毛花雀稗

【学名】毛花雀稗 *Paspalum dilatatum* Poir. 隶属禾本科 Poaceae 雀稗属 *Paspalum*（图 49.1）。

【别名】美洲雀稗、大理草、宜安草。

【起源】南美洲。

【分布】中国分布于上海、江苏、安徽、浙江、福建、湖北、湖南、江西、广东、广西、海南、重庆、四川、

图 49.1　毛花雀稗植株（付卫东　摄）

49 毛花雀稗

贵州、云南、香港及台湾等地。

【入侵时间】1942年在中国台湾有文献记载。1929年首次在中国台湾台北采集到该物种标本。

【入侵生境】常生长于路旁、草坪、荒地、农田、湿地、林缘或园林绿地等生境。

【形态特征】多年生草本植物,植株高 5~50 cm。

根 具匍匐根状茎。

茎 秆丛生,直立或基部倾斜,粗壮(图49.2)。

图 49.2 毛花雀稗茎(付卫东 摄)

毛花雀稗 49

叶 叶舌膜质,叶片条形,中脉明显,无毛(图 49.3)。

图 49.3 毛花雀稗叶(付卫东 摄)

49 毛花雀稗

花 总状花序,长 5～8 cm,4～10 个呈总状着生于长 4～10 cm 的主轴上,形成大型圆锥花序,分枝腋间具长柔毛;小穗卵形,长 3～4 mm,孪生,覆瓦状排列 4 行;第 2 小花长为小穗的 2/3;第 2 颖具 7～9 脉,背面散生短毛,边缘具长纤毛;第 1 外稃具 5～7 脉,边缘不具纤毛(图 49.4)。

图 49.4 毛花雀稗花(付卫东 摄)

毛花雀稗 49

果 颖果卵状圆形,长2～2.5 mm。

【主要危害】 入侵草坪,影响草坪美观,增加维护成本;根系发达,一旦出苗可形成密集的群体,威胁、排挤本地植物生长;可被雀稗麦角菌感染而具毒性,威胁牲畜健康(图49.5)。

图 49.5　毛花雀稗危害(付卫东　摄)

【控制措施】 控制引种。对于零星发生的,可以人工拔除,但必须挖除其所有根状茎;对于荒地生境,可以选择草甘膦等除草剂防除。

50 风车草

【学名】风车草 *Cyperus involucratus* Rottb. 隶属莎草科 Cyperaceae 莎草属 *Cyperus*（图 50.1）。

【别名】伞草、旱伞草、台湾竹。

【起源】非洲东部和阿拉伯半岛。

【分布】中国从东北三省到河北、河南、山西、山东、陕西以及长江流域、华南地区常见栽培，在江苏、福

图 50.1　风车草植株（付卫东　摄）

风车草 50

建、广东、广西、海南、重庆、香港、澳门及台湾等地均有逸生。

【入侵时间】1916年首次在广东采集到该物种标本。

【入侵生境】喜温暖湿润、通风良好、光照充足环境，耐半阴，耐寒，常生长于森林、草原地区的大湖或河流边缘的沼泽等生境。

【形态特征】多年生湿生草本植物，植株高30～150 cm。

根 根状茎短，木质，粗大，须根坚硬。

茎 茎直立无分枝，秆稍粗壮，近圆柱状，上部稍粗糙，基部包裹无叶的鞘，鞘棕色（图50.2）。

图50.2 风车草茎（付卫东 摄）

50 风车草

叶 顶生,呈伞状(图50.3)。

图50.3 风车草叶(付卫东 摄)

风车草 50

花 苞片20枚，长几乎相等，为花序长的2倍，宽2～11 mm，向四周展开，平展；多次复出长侧枝聚伞花序具多数第1次辐射枝，辐射枝最长达7 cm，每个第1次辐射枝具4～10个第2次辐射枝，最长达15 cm；小穗密集于第2次辐射枝上端，椭圆形或长圆状披针形，长3～8 mm，宽1.5～3 mm，压扁，具花6～26朵；小穗轴不具翅；鳞片紧密的复瓦状排列，膜质，卵形，顶端渐尖，长约2 mm，苍白色，具锈色斑点，或为黄褐色，具脉3～5条；雄蕊3，花药线形，顶端具刚毛状附属物；花柱短，柱头3（图50.4）。

图50.4 风车草花（付卫东 摄）

50 风车草

果 小坚果椭圆形，近于三棱形，长为鳞片的1/3，褐色（图50.5）。

图50.5 风车草果（付卫东 摄）

【主要危害】 逸生到自然环境中影响本地植物的生长，影响生物多样性。伴随着经常发生的叶枯病和红蜘蛛，给当地环境带来病虫害（图50.6）。

风车草 50

50 风车草

图50.6 风车草危害（付卫东 摄）

【控制措施】 严格控制在风险较大的地区和生境引种栽培。发现逸生植株及时清除，种子成熟前挖除，严格管理种植植株，限制随便丢弃。